U0224691

中国古代毛笔和宣纸

房维维　著

中国商业出版社

图书在版编目（CIP）数据

中国古代毛笔和宣纸 / 房维维著. -- 北京 : 中国商业出版社, 2025. 1. -- ISBN 978-7-5208-3286-1

Ⅰ. TS951.11; TS766

中国国家版本馆CIP数据核字第2024SZ1932号

责任编辑：陈　皓

策划编辑：常　松

中国商业出版社出版发行

（www.zgsycb.com 100053　北京广安门内报国寺1号）

总编室：010-63180647　编辑室：010-83114579

发行部：010-83120835/8286

新华书店经销

河北吉祥印务有限公司印刷

*

710毫米×1000毫米　16开　13.5印张　220千字

2025年1月第1版　2025年1月第1次印刷

定价：50.00元

* * * * *

（如有印装质量问题可更换）

前　言

文房四宝是中国文明发展史上的宝贵文化遗产。几千年来，中国历代文人借助文房四宝创造出诸如书法、字画、典籍等丰富多彩的文化作品，给后人留下了丰富的文化和精神财富。值得一提的是，文房四宝自与文人及书画家结缘以来，便达成了互长共进的默契。其原因也不难理解，正所谓“工欲善其事，必先利其器”，优质的笔、墨、纸、砚自然受到文人的青睐。三国时期的书法家及造墨家韦诞说过：“用张芝笔、左伯纸及臣墨，兼此三具，又得臣手，然后可以逞径丈之势，方寸千言。”唐代大文学家韩愈将笔、墨、纸、砚戏称为中山毛颖（中山兔毫笔）、绛人陈玄（绛州松烟墨）、弘农陶泓（弘农陶砚）和会稽楮先生（会稽楮皮纸），可见文房四宝与文人的关系已是须臾不可离了。

随着社会的发展和科技的进步，人们的书写方式发生了质的变化。本书主要介绍毛笔和宣纸，由于这两个物品今天仍在使用且异彩纷呈，弘扬和传承就显得尤为重要。毛笔和宣纸的发明创造曾经推动了中国乃至世界文化的发展和历史的进程，这也就是我们编写此书的原因，希望读者通过本书，从一个崭新的角度，对中国的古代科技文化有一个全面的了解。讲好中国故事既是我们的责任、使命，也是我们的义务。

毛笔是起源于中国的传统书写工具和绘画工具，是用来学习、记录、交流、传播、传承文化和科学知识的重要文化工具，是文房四宝之首，是中国传统文化的重要象征。它见证了人类的演进。毛笔产生于新石器时的中国，中国人使用毛笔写字作画的历史已有数千年之久，彩陶上的图画和纹样就是由毛笔描绘在土坯上的，甲骨文也是先用毛笔写出，然后再用利器刻出的。毛笔最早的实物是在距今2500年左右的战国中期楚墓中发现的。

由毛笔的文化属性产生了毛笔的“三义四德”。三义是指技术上的“三义”，即精、纯、美，其中的“精”指的是拣、浸、拨、梳、结、配、择、装等72道工序。“四德”是从书写效果上讲的，包括锐、齐、圆、健。“尖”指笔锋要尖如锥状，利于钩捺；“齐”指笔锋毛铺开后，锋毛平齐，利于吐墨均匀；“圆”指笔头圆柱体圆润饱满，覆盖毛均匀，书写流利而不开叉；“健”指笔锋在书写绘画时有弹性，能显现笔力。

毛笔在历代都有不同的称呼。春秋战国，诸侯称雄。此时，各国对毛笔的称呼都不同，吴国（今江苏）叫“不律”，楚国（今湖北）叫“插（竹）”。而白居易称笔为“毫锥”，《代书诗一百韵寄微之》中云：“策目穿如札，毫锋锐若锥。”秦始皇统一中国后，统称为“毛笔”。

本书介绍了毛笔的产生、发展、分类、制造、生产、选择、使用和保存，还介绍了宣纸的内容。作为文化艺术载体的纸是一种起源于中国汉朝“毛纸”。中国古代用于书写和绘画的纸是由含植物纤维的原材料经过水煮、制浆、调制、抄造、加工等工艺流程制成，通常用于写字、绘画、印刷书报、各类包装等。纸的发明和推广，使人类可以不再用泥、竹、木、陶、甲骨等材料记录文字或图画，也使古代先民的各种生产、生活信息得到传播和保存。

从原石到甲骨，从竹简到糙纸，从麻纸到宣纸，经过了漫长的创造岁月。宋朝以后宣纸得到了改进和推广，是因为宣纸质地柔软细腻，适合表达中国书法和绘画艺术，也相对容易保存。宣纸最早见于中国古书《历代名画笔记》和《新唐书》。宣纸原产于唐代宣州所辖景县，故名宣纸。唐代的纸往往是麻（中国最早用于造纸的纤维）和桑纤维的混合物，到了宋代，徽州、池州的造纸业逐渐移到泾县。造纸术是中国古代四大发明之一，可以说纸的发明推动了文化知识的交流和传播，对中国乃至世界的影响是深刻的。

由于资料的稀缺和编者水平有限，本书中难免挂一漏万，对于较为专业的产品制造浅尝辄止，抛砖引玉，当然也有产品知识产权的考量。欢迎广大读者在发现不足之处时能够批评指正，图书再版时进行修正。

甲辰年华春写于京东寓所

目 录

上编 毛 笔

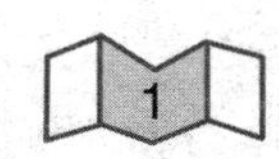

下编　宣　纸

上编

毛笔

第一章　毛笔的文化地位

第一节　什么是毛笔

什么是毛笔？相信读者朋友一看到这样的问题就会笑起来，大家都认识毛笔，毛笔就是在铅笔、钢笔、圆珠笔出现之前，古时候的人用的那种笔。可是，如果说得更具体一些，比如给毛笔下一个定义，就很难说得准确了。

一般来说，毛笔是以一些动物的毛梳扎成锥形笔头，固定在笔管一端，用于书写、绘画的工具。如果再深入一点说，毛笔是中国古人发明的传统书写工具，主要用于汉字的书写和传统绘画，被列为中国的“文房四宝”之首，是中国人举世无双的书写工具。毛笔的笔头圆而尖，是用禽、兽的毛制成，起初用兔毛，后来也用羊、鼬、狼、鸡等动物身上一些特殊部位的毛；笔管则用竹或其他质料制成。

现代毛笔

作家余秋雨说：“中国传统文人有一个不存在例

外的共同点：他们都操着一副笔墨，写着一种世界上很独特的毛笔字。笔是竹管毛笔，墨是由烟胶炼成。浓浓地磨好一砚，用笔一舔，便簌簌地写出满纸黑生生的象形文字来，这是中国文人的基本生命形态，也是中国文化的共同技术手段。”余先生这里说的，是毛笔对于中国传统文人和中国文化的重要作用。

从古至今，毛笔最为经常的用途，是日常写字和创作书法。书法在中国文化中向来具有十分重要的地位。文学家林语堂说：“如果不懂得中国书法及其艺术灵感，就无法谈论中国的艺术。”哲学家宗白华说：“中国的书法，是节奏化了的自然，表达着深一层的对生命形象的构想，成为反映生命的艺术。”放眼世界，拥有书法艺术的民族屈指可数，只有中国汉字书法具有悠久的历史，最能体现中国文化的深层内涵。曾将中国毛笔称为“中国的第五大发明”的书法家周汝昌则明确断言：“没有毛笔，不仅仅是中国艺术不会是‘这个样子’的，就连整个中国文化的精神面貌，也要大大不同。”“没有毛笔，莫说绘画，就连汉字，也绝对不会发展进化成今天（现代）的状况。”文学家、画家丰子恺的观点更为直接，他说：“中国人的精神，就在这管毛笔里头。”

可以说，作为进行汉字书写及国画创作的毛笔，的确是“举世无双”的。这并不是盲目自大，而是千真万确的事实，像历史跟中国毛笔同样悠久的古埃及的芦管笔，以及在中世纪流行了很长时段的欧洲的鹅毛笔，都早已退出历史舞台，至于现在全世界普遍在用的钢笔、铅笔、圆珠笔、中性笔等，都没有多少年的历史。只有中国的毛笔，是从漫长的历史岁月中走来，至今兴盛不衰，这足以说明它有着强大的生命力。而且，当你对毛笔了解得足够多之后，你会发现，毛笔的材质、工艺、形制及其使用方法，处处蕴含并体现着中华文化的深邃内涵。

《释名》曰：笔，述也。谓述事而言之。王充在《论衡》中说，凡智能之人，必具“三寸之舌，一尺之笔”才能自通。这“自通”的意思，即自我表达。这“一尺之笔”跟“三寸之舌”一样，是传情达意的工具，也是寄托友情的工具，文人不可须臾或缺。

第二节　毛笔对中国文化特色的影响与促进

中国书法和国画，在精神上体现了中国文化的特质，具体在纸面上的体现则是线条、点画的运动。优秀书画作品中的线条、点画具有力感、动感以及立体感、节奏感、韵律感，这一切都出自毛笔的运用。有人说，笔是手指的延伸，正是由于毛笔的横竖徐疾的纸上运动，才造就了笔画形象的飞动顿挫、肥瘦枯润，以及墨韵的变化无穷。

尽管最初的西方文字与中国汉字都是起源于象形文字，但在最后成为世代沿用的系统的文字之后，为什么两者在完全不同的道路上发展呢？这其中有西方文字和汉字的发明与传承者不同的民族性格以及社会、地理等多方面的原因，但还有一个重要的因素，那就是两者所采用的书写工具不同，从而产生了迥然不同的推动力。

在钢笔等现代书写工具出现之前，西方在数千年间的代表性书写工具是鹅毛笔。如果将鹅毛笔与中国毛笔进行一番比较，不难发现两者在不同文化特色的形成与发展中的决定性作用。

鹅毛笔与毛笔不同，主要体现在书写时手的运动范围和运动方式上。鹅毛笔由于其书写方式的限制，使手的活动范围受到极大的限制；而毛笔是通过手或手指运动的，活动范围相当灵活和自由。手的运动形式导致使用鹅毛笔书写的西方文字在很长的一段时间里停滞不前，精于其道者，也只能在追求书写的工整和美观时，花一些精力追求整体版面的形式，而非字体本身。使用毛笔书写的中国汉字，有3个方面的表现使中国书法具有了完整而独特的审美体系：一是在书法实践中，形成了多种不同的字体；二是在每个字的笔画表现上，墨色更富于轻重、浓淡的变化；三是书写者可以更关注字与字之间的外部及内在关系，即章法布局上的讲究。

使用毛笔和鹅毛笔写字，对身体姿态的要求也有不同。使用毛笔时可以站立着提笔书写，也可以伏案而书；使用鹅毛笔却只能靠着桌子书写。提笔书写，手的活动范围很大，而且自由，书写时更可能关注到字与字的关系处理，在篇章布局上的更大的不确定性使中国书法上升到美学的层面。在秦代丞相、书法家李斯的书法中，就体现出“乍密乍疏，或隐或显，负抱向背，颓仰承乘，任其所之，莫不中律”的艺术高度。后人这段评语所着眼的，就是作品中字与字的关系处理，以及作品所形成的篇章布局的美感。反观欧洲鹅毛笔，其书写范围的局限，使鹅毛笔书写者的专注点与中国毛笔书写者的专注点有很大的区别，从书写者的书写配置即可看出。不同于

鹅毛笔

中国书写者只需笔砚的简单家当，夏尔特鲁（Guignes Le Chartreux）在《风俗》一书中记载着当时鹅毛笔使用者的家当：“他（加尔都会的抄写员 Chartreux）应当具备一只墨水瓶、一支鹅毛笔、一支粉笔、两块磨石、一把小刀、两把刮刀（用来刮羊皮纸）、两支尖笔、一支铅笔、一把尺以及几块书写板。”从这些小而必需的物件上看，这更像是一个时刻需要保证所书写内容的准确性的抄写员，而非可以尽量释放个人情怀的书写者。鹅毛笔的书写者追求的是单字的精美、整体的工整，他们的书写作品在美学层面上最多只具有工整与凌乱、认真与潦草、清楚与模糊、流走与僵硬之类的区别，而不是像中国书法那样能上升到文化、艺术乃至民族精神的层面上。

综合来说，毛笔与鹅毛笔的书写特点的不同使中国汉字和西文字体的发展道路出现了实质性的不同。书写者使用毛笔书写能更多地关注字与字本身的内在关系，使得中国汉字向书法艺术发展成为一种可能，而鹅毛笔书写，则使西文文字关注更多的是字以外的东西。

知识链接

历史上，中国的制笔有侯笔（河北衡水）、宣笔（安徽宣城）、湖笔（浙江湖州）三大类，衡水、宣城、湖州也相应地成为三大制笔中心。在当今，上海、苏州、北京、成都等地生产的毛笔也享有盛誉，而作为中国毛笔的代表的，则是湖州的湖笔。

第二章　毛笔的起源与发展

第一节　蒙恬造笔的传说

人类的历史靠文字来记载，而文字是靠笔来书写的。根据裴文中关于周口店猿人考古的报告，发现原始人“骨骼上的刻画”为人工有意义的制作，可以推测在原始社会已经有了用于史前美术刻画的工具，这与古书上记载的我们祖先最初书写的工具为“尖木器”“书刀”的情况相吻合。

蒙恬画像

《尚书·序》中说：“古者，伏羲氏之王天下也，始画八卦，造书契，以代结绳之政，由是文籍生焉。”《物原》上说：“伏羲初以木刻字，轩辕易以刀书，虞舜造笔，以漆书于方简。”《考工记》上说：“筑氏为削，长尺博寸，合六而成规。”郑注：“削，即今之书刀。”唐代孔颖达为《考工记·筑氏》作疏时写道：“古者未有纸笔，则以削刻字。至汉虽有纸笔，仍有书刀，是古之遗法也。”伏羲氏以木刻字，用尖木器画八卦；轩辕氏用骨刀或石刀刻画文字；虞舜创竹枝笔，先以树乳再用漆汁书写文字于方简，创造后代用笔蘸墨书写文字的方法。换句话说：用尖木器画八卦，用骨刀或石刀刻画文字，就是用竹枝笔点染漆汁书写文字的先河。

据《物原》载："虞舜造笔，以漆书于方简。"可见在新石器时代，中国的古人已开始用漆树液汁作为书写文字或图绘形象的材料。元代吾丘衍《三十五举》中说："蝌蚪为字之祖，象虾蟆子形也。今人不知，乃巧画形状，失本意矣。上古无笔墨，以竹梃点漆，书竹简上；竹硬漆腻，画不能行，故头粗尾细，似其形耳。古谓笔为聿，仓颉书从手持半竹，加畫（画）为聿，秦谓不律，由切音法云。"这里提到的书刀、骨刀、石刀或竹枝笔，既可以刻画图画，也可以刻画文字，是我国毛笔的远祖。

说起毛笔的发明者，不得不提的是秦朝大将军蒙恬。据说蒙恬带领兵马在中山地区与楚国交战时，双方打得非常激烈，战争拖了很长时间。为了让秦王能及时了解战场上的情况，蒙恬要定期写战况报告递送秦王。那时候人们写字，通常是用木签或竹签蘸了墨，在丝做的绢布上写，写起来速度很慢。蒙恬用竹签蘸墨写战况报告，感觉到十分不方便。竹签硬硬的，墨水蘸少了，写不了几个字就得停下来再蘸，而墨水蘸多了，又容易往下滴，还没写字就把非常贵重的绢给滴得满是墨点，有时心里一急，手上用的力稍大一点，就把绢戳了一个洞。

在这之前，蒙恬就动过改造写字工具的念头，当时文字的战况报告非常重要，而战事往往说来就来，有时根本来不及写报告，他感到压力相当大。有压力才会有动力，就是在这一番压力之下，蒙恬完成了中国文化史上一个伟大的发明——毛笔。

在战斗的间隙，蒙恬喜欢到野外去打猎。有一天，他打了几只野兔，由于打到的野兔太多，拎在手上很沉，导致一只野兔的尾巴拖在地上，血水在地上拖出了弯弯曲曲的痕迹。蒙恬见了，心中不由得一动：兔尾能吸墨，也不会戳破绢面，肯定比硬竹签好，可以用兔尾代替硬竹签来写字。

回到营房之后，蒙恬立刻剪下一条兔尾，把它插在一截竹管上，兔尾太粗了，又用刀子把它修得细、尖一些。然后，他端来墨水，试着用兔尾写字。但是兔尾是从刚死去的兔子身上剪下来的，兔毛油光光的，不吸墨水，同时毛也很硬，在绢上写出来的字断断续续的，还不如原先用硬竹签那样“戳”出来的字好看。蒙恬又试了几次，还是不行，好端端的一块绢也给浪费了。一气之下，他把那个费了半天工夫改造出来的兔尾扔进了大帐前的石坑里。

一次不成功，并没让蒙恬灰心，在作战的间隙，他还是不断地琢磨其他的改进方式。但一连十几天过去了，他都没有找到理想的方法。

这一天，蒙恬走出营房，想呼吸一下新鲜空气。他走过山石坑时，又看到了坑里那支被自己扔掉的兔尾，不由得心中一动。他将兔尾捡起，用手指捏了捏兔毛，发现兔毛湿漉漉的，毛色变得更白更柔软了。蒙恬捏净兔尾上的脏水，回营房将它往墨汁里一蘸，兔尾这时竟变得非常“听话”，吸足了墨汁，写起字来十分流畅，笔画圆润起来。

这是什么原因呢？原来，山石坑里的水含有石灰质，经过碱性水的浸泡，兔毛变得柔顺，兔毛表面的油层也被碱给“化”掉了。当然这是后人的推测，蒙恬那个年代还没有人懂得化学变化之类的学问，人们对事物往往处于“知其然而不知其所以然”的状态。

由于这支笔是用竹管和兔毛做成的，蒙恬就在当时笔的名称“聿”字上加了个“竹”字头，把它叫作“筆”，也就是现在简体字的“笔”。

关于蒙恬发明毛笔的传说，还有另一个版本。蒙恬受秦始皇之命，带兵去修筑万里长城。为了规范管理修筑长城的民夫，他把平日宰羊时丢弃的羊毛绑在柳条棍上，蘸上石灰水写字，给民夫居住的茅舍一一编号。这样，最初的毛笔——柳条笔就诞生了。

蒙恬发明毛笔的传说生动地描述了人们发明毛笔的历程，但事实上，早在蒙恬之前很久，中国人就已发明了毛笔。1954年，在湖南长沙左家公山一座战国古墓中，曾发掘出一支毛笔。它是用上好的兔毛制成的，笔杆为圆竹棍，用丝缠绕，外面封漆固定，因属楚国文物，被人们称为楚笔。这支楚笔的制造，就是在蒙恬之前数百年的事了，而且在制笔工艺上已经很用心和讲究了。

那么，楚笔就是中国最早的毛笔吗？也不是。考古专家曾在新疆的一座古墓里，出土了比楚笔年代更早的毛笔。这支笔的笔杆是木制的，以三瓣合成一个圆管，下端有一个圆孔，用来安插笔头。这是因为我国北方不产竹，所以只能以木代竹。

也有人认为毛笔的发明可上溯到5000多年之前，因为从出土的新石器时代的陶器来看，上面有些图案画得相当精细，没有毛笔是很难画出来的。古代之所以流传着“蒙恬造笔”的故事，很有可能与蒙恬对毛笔做过较大的改进有关。后唐人写的《中华古今注》里，也讲到蒙恬对毛笔的笔杆、笔毛用料和做法都有所改进。所以这种说法应是比较客观可信的。尽管毛笔的形成可能是古代很多人的智慧结晶，但在传说中历代更倾向于将蒙恬认作制造毛笔的祖师爷。

第二节　毛笔在中国历代的发展

一、新石器时期

中国毛笔的起源，可上溯到5000多年之前的新石器时期。有出土实物可以证明，古代先民最初是削尖竹木作为书画工具。这一做法在如今仍有所应用，即将竹管削成竹笔，一端削成坡面，一端削为单刃成笔头，蘸墨书写。用这种竹笔书写，虽然挺健有余但柔软不足，影响到绘画的生动性与流畅性。1980 年，在陕西临潼姜寨村一座距今 5000 多年的墓葬中，出土了凹形石砚、研杵、染色物等工具和陶制水杯等一系列彩绘陶器。这些彩绘陶器上所绘图案流畅清晰，装饰花纹粗细得体，显然不是竹木削成的笔所能描绘出来的。由此可以推断，在距今 5000 多年前，可能已出现毛笔的雏形。

在一些甲骨文上，考古人员发现了一些残留着的已写但未刻的文字，这些文字笔画圆润，用手指或其他硬的工具书写绝不会有这样的效果，只能推断这些文字是用毛笔写出来的。例如，商代甲骨文中已出现笔的象形文字，形似手握笔的样子，这就是后来的“聿”字，在当时是指“笔”。商代陶片与甲骨上保留着用墨书写的卜辞，如 1932 年河南安阳殷墟出土的一块陶片，上书一“祀”字，笔锋清晰。1936 年出土的一件朱笔书写的陶器和刻有文字的甲骨片，笔迹清晰，转折流畅自如，只有用富有弹性的毛笔，才能达到如此的艺术效果。

“笔”字的前身甲骨文

二、战国时期

战国时期是毛笔的发展期。战国时期的帛画龙凤仕女图和人物驭龙图，画中线条有扁有圆，粗细变化自然，显然为毛笔所绘制。这一时期，毛笔在华夏区域已被广泛应用于书写文字和绘画，许多出土文物说明了这一点。尽管当时毛笔样式仍然较为原始，但制作已很精良。在湖南长沙左家公山和河南信阳长台关两处战国楚墓里分别出土了一支竹管毛笔，这是目前发现最早的毛笔实物。长沙楚墓文物出土时，毛笔放在竹筐里，全身套在一支小竹管内，杆长 18.5 厘米，径口 0.4 厘米，毛长 2.5 厘米。经富有经验的制笔专家验证，这支毛笔是用上好的兔箭毫做成的，做法是将笔毛围在杆的一端，然后用丝线缠住，外面涂漆。与毛笔放在一起的还有铜削、竹片、小竹筒等器物三件，后人推测，可能是当时写字的整套工具。竹片的作用相当于后世的纸，铜削是刮削竹片用的，小竹筒可能是用来贮墨一类的用具。在先秦经典文献中提及笔的地方很多，如《尚书》《诗经》《庄子》等。《诗经·静女》中写道："静女其娈，贻我彤管。"崔豹《古今注》云："牛亨问彤管何也。答曰：'彤者，赤漆耳。史官载事，故以赤管，言以赤心记事也。'"可见，彤管即朱漆笔。《庄子·田子方》曰："宋元君将画图，众史皆至，受揖而立；舐笔和墨，在外者半。"当时，舐毛笔尚无统一的名称。东汉许慎著《说文解字》中有"楚谓之聿，吴谓之不律，燕谓之拂""秦谓之笔，从聿从竹"的记载。秦始皇统一六国后，才统一称为"笔"。

概括地说，早期的毛笔是将兔毛等兽毛缠在竹竿上制成的，形制尚较简单粗糙。随着书写的发展，毛笔的制作也在不断地改进和完善。

战国时期的毛笔制作方法十分简单，通常是将笔杆的一头用刀劈成几片，将动物的毛夹在它的中间，然后用细线缠结实，这样笔毛就被固定了。最后在笔杆的外面涂上一层漆，令笔毛更结实，也使毛笔的根部在浸了水、墨之后不至于很快就被泡松、浸烂。

这一时期的简牍、盟书、帛书都是用毛笔书写的，写出的笔画具有弹性，起止处较尖锐，中间和偏前的部分略粗。它们与金文凝重的形态不同，笔势由迟重变为流美，笔画和体式也较金文更为简略。所以，毛笔的出现不仅是一场技术革命，而且是一场艺术革命。

三、秦汉时期

与战国时期的毛笔相比，秦代的毛笔已经有了很大的改进。晋代崔豹《古今注》记载："自蒙恬始造，即秦笔耳。以枯木为管，鹿毛为柱，羊毛为被，所谓苍毫，非兔毫竹管也。"宋代苏易简《文房四宝·笔谱》道："秦蒙恬为笔，以狐狸毛为心，兔毫为副。"这说明蒙恬是将当时已普遍使用的竹管兔毫毛笔做了改良，以鹿毛和羊毛混合，或以狐狸毛和兔毛混合制作笔头，用不易变形的干木料为笔杆，一头劈开数片，将笔头夹在中间，再用麻线缠紧，涂漆加固。而"鹿毛为柱，羊毛为被"的做法，后代称为"披柱法"，即选用较坚硬的毛做中心，形成笔柱，外围覆以较软的披毛。它的优点是笔头可以保持浑圆的状态，更利于吸墨和书写，且更具稳定性。这种模式至今仍在沿用，可以说，秦代奠定了毛笔制造技术的基础模式。1931 年西北科学考察团在甘肃居延出土的一批汉简中发现的木管毛笔可资印证。另外，1975 年 12 月，在湖北云梦睡虎地秦始皇三十年墓中出土毛笔 3 支，外套竹制笔管，笔杆亦竹制，上端削尖，下端较粗，镂空成毛腔，笔头纳入腔内。最初的笔套是可以将整支毛笔都插到竹管里面去的。至秦代出现两管粘连，中部镂空，可同时插入两支毛笔、抽取便利的双筒笔

笔筒与毛笔

套。笔杆和笔套都髹漆保护，也有美化装饰的作用。可见，毛笔的制作至秦代已接近成熟。

汉代时，毛笔进入了一个新的发展阶段。汉代的毛笔与秦代的毛笔相比，有的基本相似，有的又有了较大的改进，笔杆主要用竹做成，笔直均匀，笔杆的一头削成尖状。毛笔开始讲究装潢，在笔杆上刻字和镶饰，如 1957 年和 1972 年在甘肃武威磨嘴子东汉两墓中先后出土刻有“白马作”和“史虎作”字样的毛笔。

这一时期，出现了专论毛笔制作的著述，即东汉蔡邕著《笔赋》，对毛笔的选料、制作、功能等作了评述。这是中国第一部制笔专著，结束了汉代以前无文字评述的历史。

汉代毛笔的笔毛已不再局限于兔毛，还使用鹿毛、羊毛和狼毛。与此同时，开始采用两种或两种以上不同硬度的笔毛，这样制作出来的毛笔写出来的笔画刚柔相济，笔在使用时也便于掌握。制笔之法，或以兔毫为笔柱，羊毛为笔衣，或用人发梢数十茎，杂青羊毛并兔毫，裁令齐平，以麻纸裹柱根，然后插入笔杆。这种硬毫、软毫并用的方式，开启了后世制笔的“兼毫”先河。

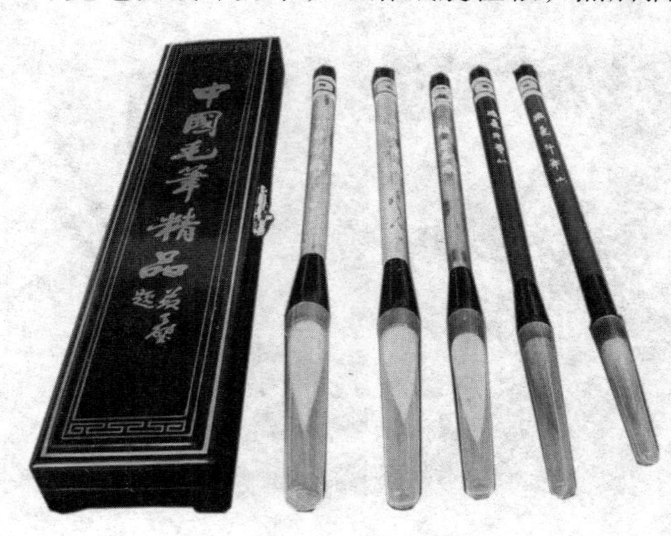

现代小楷毛笔

人们对于笔管的质地、装饰也渐渐地重视起来，有的还以金银为饰。据葛洪《西京杂记》载：“天子笔管以错宝为跗，毛皆以秋兔之毫，官师路扈为之。以杂宝为匣，厕以玉璧翠羽，皆值百金。”清代乾隆年间的唐秉钧在《文房肆考图说》卷三《笔说》中也说：“汉制笔，雕以黄金，饰以和璧，缀以隋珠，文以翡翠。管非文犀，必以象牙，极为华丽矣。”可见，毛笔在此时不仅作为书画的工具，而且也向艺术品的层面发展。

这一时期，还出现了“簪白笔”这一特殊形式。当时，毛笔成为官员的一种装饰，官员为了奏事之便，把毛笔的尾部削尖，插在头发里或帽子上，以备随时取用，因此叫“簪白笔”。“白马作”毛笔出土时就是在墓主头部左侧的位置。

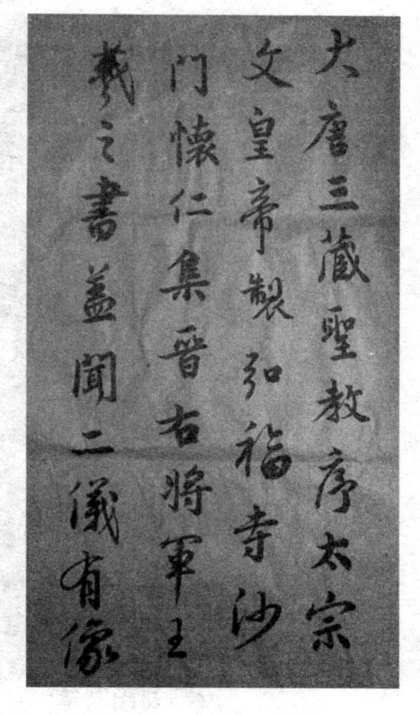

毛笔书法

四、三国魏晋时期

在三国时期，比较著名的毛笔是汝阳制造的毛笔。其中最有代表性的是“汝阳刘”。“汝阳刘”的毛笔技艺炉火纯青，名扬天下，被文人墨客、达官显贵推崇，当时成为宫廷专用。由此而产生的传奇故事也有很多。

据“汝阳刘”的后人说，三国时期，曹操与孙权、刘备征战，多次路过项城，久慕“汝阳刘”毛笔之名却未能得到。赤壁之战时，项城是曹军后防，曹操在项城住了100多天。一天夜里，曹操诗兴大发，立刻挑灯挥毫，可是毛笔怎么也不应手，这时，他突然想起“汝阳刘”就在此地，连夜让项城人应徇（丞相属臣）和“建安七子”之一的应玚父子陪同，深夜骑马到“汝阳刘”村拜访，观看了刘氏制笔流程和家传秘籍，惊叹道：“这与带兵打仗、治军、治国、

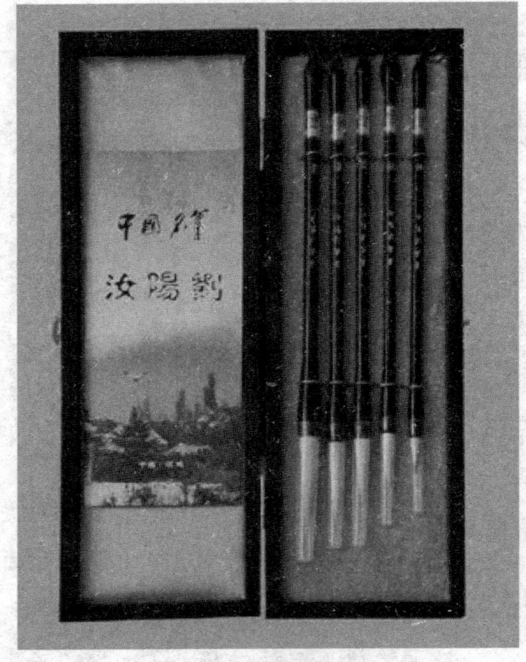

汝阳刘氏制笔

治人，没有什么区别啊！”然后，曹操与刘氏先人品酒论诗，直至天明。

直到曹操临走时，刘氏先人才知面前之人原来是权倾天下的曹丞相，吓得魂不附体，连连叩拜。曹操大笑道：“不要惊怕，看了你制笔，曹某茅塞顿开，我将严明治军，善纳人才，孙刘必败矣！”刘氏先人早已听说曹操带兵纪律严明、秋毫无犯，十分敬重，连忙用铜管专制了一支狼毫紫尖笔送给曹操。曹操当场挥毫试用，写出的字笔墨流畅，遒劲有力。他兴奋地大呼：“奇妙！奇妙！神来助我也！”从此，“汝阳刘”专制的铜管紫尖狼毫与曹操形影不离。

“汝阳刘”的毛笔，也得到了晋代书圣王羲之的珍爱。王羲之对“汝阳刘”毛笔十分渴求，托人买了几支，用后十分珍爱。据说，他的小楷经典之作《黄庭经》就是用“汝阳刘”的毛笔书写的。这件作品通篇洒脱流畅，婉转自如，神采飞扬。而且王羲之写完之后，连呼“妙笔”，感觉买笔时给刘家的钱太少了，过意不去，就重抄了一遍《黄庭经》，托人送

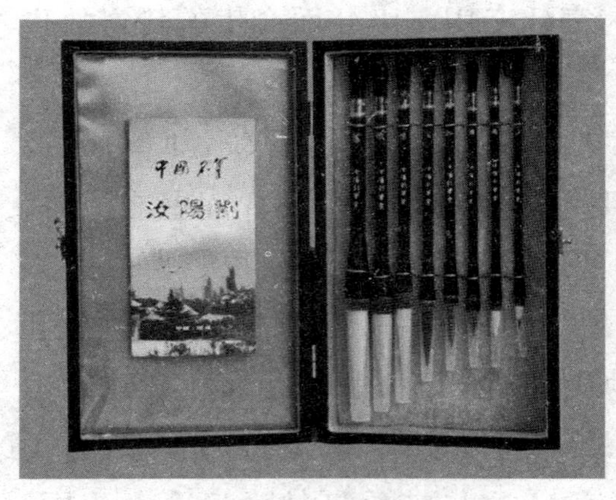

“汝阳刘”毛笔

到“汝阳刘”家以作补偿。这段历史，在“汝阳刘”的家谱上有所记载。虽然《黄庭经》的真迹早在隋唐战乱时期就遗失了，但“汝阳刘”毛笔由此冠上了“羲之妙笔”的美名，流传到后世。

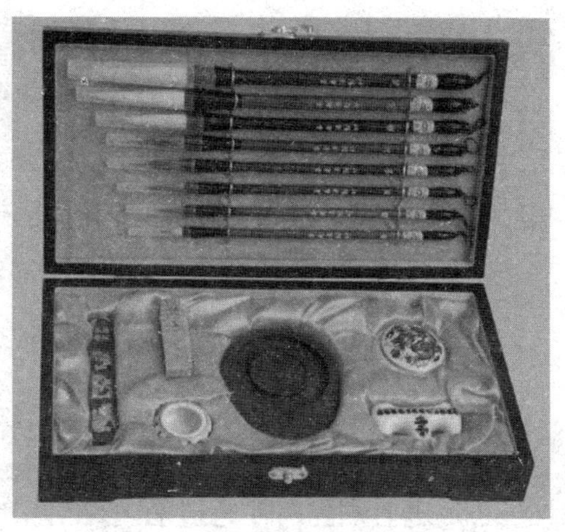
笔墨砚礼盒

三国时期有一位制造笔、墨的名家——韦诞。韦诞字仲将，是三国魏人，家住京兆（今陕西西安），善书。韦诞曾任武都太守，后以能书留补侍中，对书写用的笔、墨、纸等极为讲究，并自制笔和墨。他所制之笔，人称“韦诞笔”。其具体制法，北魏贾思勰《齐民要术》中转录三国时期韦诞《笔方》中有较详细的记载：“先次以铁梳兔毫及羊青毛，去其秽毛……皆用梳掌痛拍整齐，毫锋端本，各作扁极，令均调平好；用衣羊青毛，缩羊青毛去兔毫头下二分许，然后合扁，卷令极圆，讫，痛颉之，以所整羊毛中……复用毫青衣羊毛外如作柱法，使中心齐，亦使平均，痛颉，纳管中。宁随毛长者使深，宁小不大，笔之大要也。”这段文字大意是说，韦诞制笔以兔毫和青羊毛为主，兼而用之，并以青羊毛或兔毫为笔柱，可说是早期的兼毫笔。其制作过程从选毛、拍毛、整齐、卷裹，到分层匀扎、装套等，反映了当时较为先进的制笔工艺流程及特色。

两晋时期，制笔工艺在毫毛选采、配伍及技术上又有提高和改进。“书圣”王羲之也熟知制笔法，并著有《笔经》，其中写道：“制笔之法：桀者居前，毳者居后，强者为刃，要者为辅，参之以苘，束之以管，固以漆液，泽以海藻。濡墨而试，直中绳，勾中钩，方圆中规矩，终日握而不败，故曰笔妙。”《笔经》又说：“时人咸言：兔毫无优劣，管手有巧拙。”这表明了王羲之对制笔技艺水平的高度重视。晋傅玄在《笔赋》中说：“简修毫之奇兔，撰珍皮之上翰。濯之以清水，芬之以幽兰。嘉竹翠色，彤管含丹。于是班匠竭巧，名工逞术，缠以素枲，纳以玄漆。丰约得中，不文不质。尔乃染芳松之淳烟兮，写文象于纨素，动应手而从心，焕光流而星布。”

两晋时期，安徽宣城出产一种紫毫笔，以紫毫兔毛为原料精制而成，笔锋坚挺耐用，闻名于世。这种精工制作的毛笔，既是当时汉字笔画变形及绘画技法发展的需要，同时也对书画笔法的发展起到了一定的促进作用。制笔过程中工艺的改进和毫毛采选的讲究，既促成了毛笔特性的提高，也使隋唐时期的制笔业在魏晋南北朝的基础上有了较大发展，达到兴盛阶段。

五、唐宋时期

到唐宋时期，社会经济文化繁荣，文房四宝的制作也进入鼎盛时期。唐代是我国制笔技术水平较高的时期，同时也是我国书法艺术的鼎盛时期。

唐代时宣州发展成为全国的制笔中心，所制宣笔十分精良，深为士林所称道乐用，并且成为每年都要向朝廷进贡的贡品。据说，宣笔滥觞于秦灭楚的战争中，当时蒙恬来到安徽宣城、泽县一带，在那里改良了毛笔，以后称之为宣笔。直到南宋以后，宣笔逐渐为湖笔所代替。白居易《紫毫笔》曰：“紫毫笔，尖如锥兮利如刀。江南石上有老兔，吃竹饮泉生紫毫。宣城工人采为笔，千万毛中拣一毫。”诗中还写道：“每岁宣城进笔时，紫毫之价如金贵。”说明了宣笔主要用兔毫制作，考究的选料，精细的制

中楷毛笔

作，使其十分名贵。尽管宣城的紫毫笔晋代时便已出名，但直到唐代，安徽宣城的“宣笔”才确立了当时天下第一的地位，其中的“鼠须笔”和“鸡距笔”都以笔毛的坚挺而被称为上品。当时的制笔技术，已能达到多品种、多性能、适应不同风格书法的要求。

宋代的制笔工艺逐渐趋向软熟、虚锋、散毫。当时的制笔名匠众多，其中，诸葛氏为跨唐、宋两代的制笔世家，技压群芳，最享盛名。诸葛氏独到的制笔工艺和对制笔方法的改进，颇具特色，大大促进了毛笔的进步。其中最著名者为诸葛高。欧阳修《圣俞惠宣州笔戏书》中咏道：“宣人诸葛高，世业守不失。紧心缚长毫，三副颇精密……硬软适人手，百管不差一。”他在诗中还拿京师制笔与诸葛氏宣笔作了比较，指出京师笔的缺点在于“或柔多虚尖，或硬不可屈”，而且价高寿短，不如宣笔经久耐用。

知识链接

诸葛高在长锋柱心笔的基础上，创制了“无心散卓笔”，即在原加工过程中，省去加柱心的工序，直接选用一种或两种毫料，散立扎成较长的笔头，并将其深埋于笔腔中，从而达到坚固、劲挺、贮墨多的效能。书法家黄庭坚在《跋东坡论笔》中提到，苏轼（东坡）对宣城诸葛笔十分推崇。苏轼在自己的一则题跋中说：“自唐惟诸葛一姓，世传其业，嘉祐、治平间，得诸葛笔者，率以为珍玩……世用无心散卓笔（大概笔长半寸，藏一寸于管中），其风一变。”这种笔，“惟诸葛高能之，他人学者，皆得其形似而无其法，反不如常笔，如人学杜甫诗，得其粗俗而已”。这种无心、长锋、笔头深埋的形制，是对长锋笔的一种改良，标志着制笔技术的又一次重大转变，在毛笔史上具有里程碑式的意义。诸葛元、诸葛渐、诸葛丰及歙州吕道人、吕大渊，还有新安汪伯立，均为其传人。

六、元明清时期

元代以后，宣笔声名煊赫的地位逐渐被湖笔代替。浙江湖州产白山羊，其羊毛长而色白，尖端锋颖、长而匀细，性柔软，特别适宜制作长锋羊毫笔。元代文人画的发展，追求以书入画，注重绘画笔法的“写”意。这种绘画用笔方法必然要求所用笔锋要软硬适中，弹性适宜，且贮墨量大，而这些特性恰为长锋羊毫笔所具备的。湖州所产长锋羊毫笔，适应了当时文人画家的需要，从而产生了很大的影响，成为湖笔最具特色的品种。这一时期，浙江湖州一带先后出现了一批制笔名家，他们精雕华饰，不惜成本，包揽了所有的“御用笔”，更使湖笔的身价日趋增高。

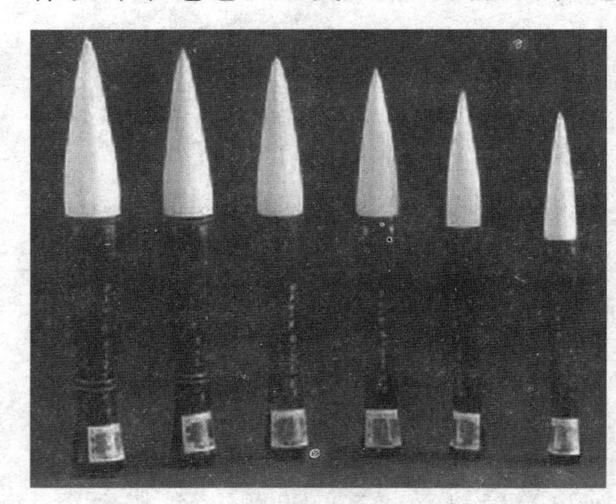

毛笔

浙江湖笔

元代湖笔以其精良的制作工艺著称。其选料精细，纯正无杂，分层匀扎，工艺严格。制作方法基本按照有披有心、有柱有副的古典操作规范。其制作工序繁复，经过浸、拔、并、配等70多道工序精制而成，笔锋坚韧，修削整齐，丰圆劲健，具有“尖、齐、圆、健”笔之“四德”。《文房肆考图说》对此曾作解释：“尖者，笔头尖细也。齐者，于齿间轻缓咬开，将指甲掀之使扁排开，内外之毛一齐而无长短也。圆者，周身圆饱湛，如新出土之笋，绝无低陷凹凸之处也。健者，于指上打圈子，决不涩滞也。”

元代湖州制笔的中心为善琏，聚集了大批名工巧匠，有冯应科、姚恺、张进中、潘又新等。湖笔制作技术向周边地域传播后，促进了江浙一带制笔业的整体发展。

元代毛笔的制作，还与当时已经发展到极高水平的剔犀工艺相结合。剔犀是指用两种或三种色漆，在器物上有规律地逐层积累起来，达到相当厚度后，再用刀剔刻花纹。由于刀口的断面上可以看见不同的色层，与其他雕漆效果不同，故称剔犀。当时这一技术也被应用到毛笔的制作上。以韩天衡与韩回之《文玩赏读》上所记载的一款元剔犀心形纹毛笔为例，即可见元代剔犀工艺用于毛笔的情况。这支毛笔长 21 厘米，以黑漆为面漆，中间是两道红漆，色感稳重深幽，用刀圆润婉转，打磨平整精到，整体曲线柔和，显得沉静而华美。心形纹饰是剔犀中最古老的一种剔刻纹饰，在宋代已经普遍使用，此笔自笔套起即由上而下贯穿相应的心形纹装饰，而在握笔处用卷草纹做突节，手感舒适，连贯有序，毫无唐突牵强之感，体现出元代剔犀工艺大气、敦实的特征，也可从中看出当时制笔工艺的高度发达。

明清制笔，除了讲求实用，还讲求用料的多样性及工艺的欣赏性。当时笔头选用的毫料达数十种，主要有羊毫、紫毫、狼毫、豹毫、猪鬃、胎毛等。明代陈献章创制了一种以植物纤维为原料的笔头，称为“白沙茅龙笔”。明清笔的形制类型也有增加，出现了楂笔、斗笔、对笔、提笔、楹笔等大型笔以及一些专用于工笔画的小型笔。

明清毛笔的笔管制作极为考究，在选材上，更讲究材料的名贵，

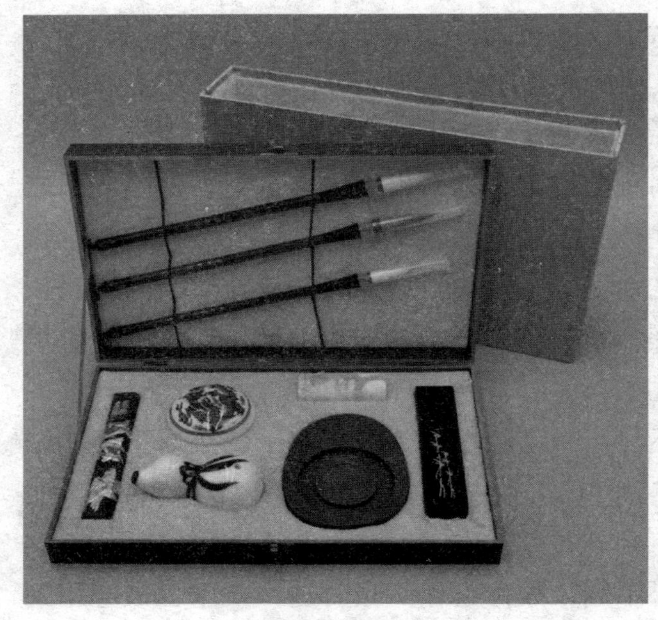

笔墨砚礼盒

如竹管有棕竹、斑竹等，木管有硬木、乌木、鸡翅木等。除常见的竹木管笔外，还有以金、银、瓷（青花、粉彩、五彩等）、象牙、玳瑁、琉璃、珐琅等制成的笔管，或为前代已有而此时更常用，或为前代未曾使用而增加的新材质，将其加以镶嵌、雕刻，使之成为一种精美的工艺品。在传世名笔中较有代表性的，有明嘉靖彩漆云龙管笔、明万历青花缠枝龙纹瓷管羊毫笔等。

明清笔管的雕饰也更加繁复精致，有雕为龙凤、八仙、人物、山水以及各式几何图样的。这种对笔杆材质的讲究与装饰，已非出于实用的目的，而纯为鉴赏的需要了。毛笔的这种装饰在明清两代也有一些不同，一般来说，明代形制及装饰质朴大方，清代则繁缛华丽，这是其时代风格的差别。

毛笔的兴起与演变历程，伴随着我国 5000 年文明的进程。虽然随着近代西方书写工具的传入，毛笔在今天已不再被视为主流的书写工具，但是，毛笔作为东方文明的长期传承工具，其本身就是悠久深邃的文明象征，仍然具有巨大的影响力。探究毛笔的源流，也是从一个特殊的侧面探寻中国古代社会的发展和文明的进步。

第三节　我国三大名笔

我国最有名的笔是出自浙江的湖笔、出自河南的太仓毛笔以及出自河北的侯店毛笔。

湖笔挥洒自如，经久耐用，素有“湖颖之技甲天下”之称。湖笔的产地在浙江吴兴县善琏镇。关于湖笔，本书有章节专门介绍，这里不多赘语。

太仓毛笔产于河南孟津平乐镇的太仓村。太仓村，因古为皇家粮仓所在地而得名，全村人中潘姓占了95%以上。太仓毛笔的制作在历史上有据可查，从清朝乾隆年间即已开始，在清末和民国时期达到鼎盛。当时，太仓村制作毛笔的有几十家，比较有名的是潘友文、潘云升、潘太生等，这些名字也成为他们各自的笔庄字号。西安还设立了毛笔商铺，专营太仓毛笔。

太仓毛笔的特点是笔锋锐利，饱满圆润，吸墨性强，使用起来柔而不软，婉转流畅，富有弹性。太仓毛笔销往陕西、山西、甘肃、内蒙古等地，在北方地区久负盛名，其中以小楷笔最为著名，成为商家不可缺少的记账工具。在清代，太仓毛笔受到朝廷吏部的青睐，是日常公文的书写用笔。由于太仓村制作毛笔者多为潘姓人，所以，在其鼎盛时期曾有“南湖北潘”之说。

侯店毛笔产于河北衡水的侯店村，还有“蒙笔”“侯笔”之称。据当地史料记载，公元前221—前207年，蒙恬带领30万大军固守秦朝北部边疆，路经侯店，时值上巳节，他便以兔毫竹管为笔写成一封家书，随后将毛笔赠送给侯店人。后来，侯店人便仿制出“蒙恬精笔”。相传蒙恬选用兔毫、竹管制笔，制笔方法是将笔杆一头镂空成毛腔，

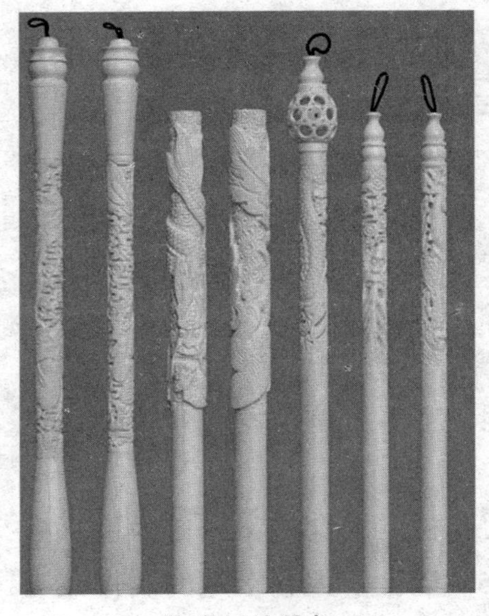

带雕刻的笔杆

笔头毛塞在腔内，毛笔还外加保护性大竹套，竹套中部两侧镂空，以便于取笔。侯店毛笔选材精良，笔长杆硬，刚柔相济，含墨饱满而不滴，行笔流畅而不滞。

到了唐代，侯店村毛笔艺人李文魁在北京开设笔店，一位爱好书法的太监同他结为兄弟，经常把他制作的毛笔买进皇宫，皇帝用过之后大加赞赏，于是侯店毛笔声名鹊起，并被定为御用之品。从那以后，每逢阴历三月三，侯店一带制笔艺人都放鞭炮、摆宴席，纪念毛笔创始人蒙恬。明代永乐年间，当地制笔业兴盛。到了清代光绪年间，侯店毛笔因制作技艺精湛，也成为御用之品，光绪帝曾赐碑表彰，称之“御笔”。民国初年，在巴拿马万国博览会上，侯店毛笔获得奖章。

侯店毛笔

衡水侯店村向来有“毛笔圣地”“北国笔乡”的美称，而侯店毛笔与内画和宫廷金鱼一起，并称“衡水三绝”。侯店毛笔品种达270多种，其制笔工艺分水盆、零活、干作、刻字、色装等300多道手工操作工序。侯店村家家户户几乎都是靠做毛笔为生，到1952年村里成立了侯店毛笔厂，这才告别了以前的家庭作坊式生产，走上了工业化之路。侯店毛笔制作流程执行严格的检查验收制度，使产品质量稳定可靠。启功、刘炳森、肖劳、沈鹏、范曾、孙墨佛等著名书法家曾为侯店毛笔题词赞誉。

侯店毛笔十分重视毛笔的装饰，以适应国内外用户的要求。侯店毛笔在20世纪八九十年代，远销日本、欧洲、东南亚等10多个国家和地区，年出口量达300多万支，并曾获得工艺美术“百花奖”、国家部优产品证书以及天津进出口商品检验局、天津外贸出口免检证书。“风云”“水月”“小狼毫”等多种毛笔被天津口岸定为“信得过的免检产品”。

第四节　古代对毛笔的别称

毛笔为文房四宝之首，古人曾赋予它许多别称，有些至今沿用。主笔的别称主要有如下几种。

一、管

古人称毛笔为“彤管”。

二、管子

唐《开元遗事》中记载，有一书生，晋谒李林甫，称笔为“管子”。

三、毛颖

宋陈渊《墨堂文集》中说：“我行何所挟，万里一毛颖。”

四、管城子

韩愈《毛颖传》中说:“秦皇帝使(蒙)恬赐之汤沐,而封诸管城,号曰管城子。”黄庭坚《戏呈孔毅父》在中写道:“管城子无食肉相,孔方兄有绝交书。”

五、管城侯

文嵩《管城侯传》中载:“毛元锐,字文锋,宣城人……封管城侯。”《文房四谱》也有这一说法。

六、中书君

《毛颖传》说:“毛颖者,中山人也……累拜中书令,与上益狎,上尝呼为‘中书君’。”宋代苏东坡《自笑》诗中“多谢中书君,伴我此幽栖”,即咏此事。

七、毛锥

南宋杨万里《跋徐恭仲省干近诗三首其一》中写道:“仰枕糟丘俯墨池,左提大剑右毛锥。”

八、毛锥子

《新五代史·弘肇传》中说:“弘肇曰:‘安朝廷,定祸乱,直须长枪大剑,若“毛锥子”安足用哉?’三司使王章曰:‘无“毛锥子”,军赋何从集乎?’‘毛锥子’盖言笔也。”

九、毫、毫素

晋陆机《文赋》中云:“纷葳蕤以馺遝,唯毫素之所拟。”李善注:

"毫，笔也，书缣曰素，故亦作毫素。"

十、毫锥

《白乐天集》中说："乐天与元微之各有纤锋细管笔，携以就试，目为'毫锥'。"

十一、秋毫

苏东坡《鲜于子骏见遗吴道子画》中写道："觉来落笔不经意，神妙独到秋毫颠。"

大楷毛笔

十二、健毫、圆锋

《山堂肆考》中载："唐时，赶考举子将入场之际，嗜利者争卖'健毫''圆锋'名笔。其价高过平时十倍，号'定名笔'。"

十三、羊毫、狼毫、兼毫

毛笔的原料由羊毛、狼尾毛或两种混合制成。羊毛笔头的称为羊毫，狼尾毛笔头的称为狼毫，两种毛混合笔头的称为兼毫。所以，有人也以羊毫、狼毫、兼毫等作为笔的别称。

十四、龙须

《龙须颂》中说："再释其笔，曰龙须友。"有一副赞颂毛笔的对联："龙须作友，鸲眼流光。"这里的"龙须"即指毛笔。

十五、兔毫、麟管

有一副对联:“兔毫推赵国，麟管赐张华。”这里用了两个典故。上联出自王羲之的《笔经》:“汉时，诸郡献兔毫，惟有赵国毫中用。”下联出自东晋王嘉的《拾遗记》：张华著《博物志》，晋武帝赐给名笔“麟角管”，作为鼓励。

十六、鸡距、鹿毛、鼠须、麟角

毛笔与笔架

有一副对联:“鸡距鹿毛花开五色，鼠须麟角笔扫千军。”上联“鸡距”“鹿毛”均为古代名笔。前者典出白居易的《鸡距笔赋》:“不得兔毫，无以成起草之用；不名鸡距，无以表入本之功。”后者典出《唐书·地理志》:“蕲州蕲春郡士贡白纻箪、鹿毛笔”。下联“鼠须”“麟角”也均为古代名笔。王羲之《笔经》云:“世传张芝、钟繇用鼠须笔，笔锋劲强有锋芒。”“麟角”即为“麟角管”。

十七、佩阿、昌化

《致虚阁杂俎》中说笔神叫“佩阿”，又称为“昌化”。

十八、湖颖

湖笔又称湖颖。湖颖，是湖笔最大的特点。所谓“颖”，就是指笔头尖端有一段整齐而透明发亮的锋颖，业内人称之为“黑子”，这是正宗湖笔所独有的特征。

知识链接

最早发现毛笔的墓葬是河南省信阳长台关1号楚墓和湖南长沙左家公山战国古墓。从中出土的长沙笔与现在通用的毛笔相似，笔杆细长，笔锋均为2.5厘米，略长于现代小楷毛笔的笔锋。其笔毛围在笔杆的一端，以丝线束紧。长沙笔采用上好的兔箭毛，相当于后世的紫毫，刚锐而富于弹性。唐代诗人白居易诗《紫毫笔》中写道："紫毫笔，尖如锥兮利如刀。"正是由于使用这种毛笔，所以楚国竹简上的字体笔画劲挺，落笔起笔锋芒毕露。长台关1号楚墓的长沙笔装在一个文具匣里，中间还装有小铜锯、小铜凿、小铜刀。据推测，这些铜器是用来对简牍进行细加工并在编绳处刻三角形楔口的工具。

湖北省云梦睡虎地战国秦墓也出土了毛笔，但它与上述毛笔不同，笔毫是插入杆腔中的，与今天的制笔方法相似。该墓同时还出土了墨、砚等书写工具，它们与笔、简合起来可称为战国时期的"文房四宝"。与现代的"文房四宝"相比，仅仅是简与纸不同，其余3种完全相同。

第三章　毛笔的制作工艺

第一节　毛笔的原料

通常来说，制作毛笔笔头的原料以羊毛、黄鼠狼尾毛、山兔毛、石獾毛、香狸毛为多，猪鬃、马尾毛、牛尾毛、鸡毛、鼠须、胎发等也广被使用。毛笔杆多用竹管，如青竹（烤红）、紫竹、斑竹（湘妃竹）、罗汉竹等，也有用红木、牛角、骨料、象牙、玉石做杆的，更显华贵。

一、毛料

毛笔质量好坏，第一环节是在用料的讲究上。毛笔所用的毛料，包括羊毫（山羊毛和须）、狼毫（黄鼠狼尾毛）、鼠须、鸡鹅鸭毛、鹿毛、兔毫兔尖（野兔脊背两边的几根毛）、猪鬃、牛耳毛、人发、人须、胎毛等数十种。其中，北尾（长江以北动物毛）比南尾好，冬毫（冬天动物毛）比春毫好，这都要严格区别，步步把关。各地的笔工对笔毛的选择往往要求尽善尽美。比如，浙江的湖笔自元代就声誉鹊起，在选料上很严格，一些制笔人舍近求远，从较远的嘉兴地区采购兔毫。这样做并不是因为本地没有兔毫，而是本地多山，山中野兔出入荆棘树石之间，毫毛短秃，而嘉兴多平原，兔毫长而软。又如，长沙的杨氏制笔世家自生产伊始，杨德富便亲自到江西宜春采购羊毫。

因为本地供货商提供的都是山地的羊毫，羊在树石上磨蹭，毛须短硬开叉，制出的笔质地就次了；而江西宜春地区山丘平缓，都是草地，专养制笔取毫的羊，羊圈都是青石板砌成，羊毫不会磨损，有的羊还喂桑叶，羊毫软硬适度，油抹水光，所以要选江西宜春的羊毫。

下面将不同的制笔毛料的特点略作简单介绍。

1. 羊毛

羊的种类甚多，其身上之毛必须挺直、具有锋毫者才能被选为制笔的材料，因此只有山羊毛才合宜。我国南方因气候较热，山羊毛质地粗糙，且锋毫浅短；而北方一带天气寒冷，羊毛长，质地细嫩，且锋毫深，是为制笔佳品。又如，在同一头羊身上，依身上部位之不同所取得之毛质亦不相同，最上者为背、首附近的细光锋及背部的白黄尖锋（白尖锋）。

2. 狸毛

狸毛种类繁多，以黑狸毛为多，毛尖锐利有弹性，根部较弱，腰力较差，制作毛笔时，必须添加他种毛料增补强度。

3. 香狸毛

我国台湾产的狸毛，又称笔猫，其背脊上的毛尖挺直有力，混置在羊毛或狼毛中，将使毛笔更便于使用。

4. 花兔毛

花兔一般称为山兔，全身毛质柔软，其背脊每到冬天时，便长出长又直的尖毫，是做毛笔的上好材料。

5. 黄鼠狼尾毛

黄鼠狼身躯很小，仅有尾部毛可做毛笔，其质韧、弹性足、毛直耐磨，是很好的制笔材料。

6. 牛耳毛

牛耳后及牛耳附近之毛，质地坚韧，又硬又直，锋尖而浅，最适合做兼毫垫腰或笔腹之毛。

7. 猪鬃、猪毛

猪鬃、猪毛性刚、富弹力、坚韧、不易断，是做大笔的好材料。用猪毛垫于笔腹、笔腰，挥毫有劲。但猪毛毛锋短、毛尖毫浅，不适宜做小楷笔。

8. 尼龙毛

除上述动物毛之外，近年亦普遍使用一种合成毛料，如尼龙毛。尼龙毛虽然相较其他材质不易吸水，但毛质具弹性及耐磨等优点，目前部分毛笔中均混合此种毛料。

二、笔杆

做好的笔头必须套粘在笔杆上才能书写，因此，笔杆的制作也需要特别讲究，除着重实用外，也要兼顾装饰、欣赏。

笔杆的主要制作材料有以下几种。

1. 竹材

自古以来，一般的笔杆皆用竹材制成。我国产于北方各地的竹材较为硬重、具有斑纹，产于南方各地的竹材较松软、质轻。值得一提的是，我国台湾地区的观音竹细长坚硬，是上乘笔杆的材料。

2. 木材

利用木工车床所制成的笔杆，大都用在大笔的制作上，以弥补竹材无法制成的粗大规格，所用木材只要质硬、耐水性强、不弯曲变形即可。较为重要的制笔木材有紫檀、黑檀、红木、桧木、柚木、榉木、松木等，制成后涂上油漆，以增加光泽及耐性。

3. 兽角

制笔杆主要用的兽角为白牛角、黑牛角，硬度较高，不变形，较耐用。用六角车床制作，车成主要的各种笔型，经打磨后，光亮无比。

有全角者，亦有前后端套角，中间以竹材或木材组成者。

4. 化学品类

一般化学品类的笔杆，都以塑料、亚克力或尿素为原料，以押出机器制成条管后，锯切成一段一段所需的长度，取代竹子；或用射出机器，依模型射出成型，再经车工修整打磨成笔杆，取代木材或兽角笔杆。化学品类笔杆价格便宜，产量丰富，规格固定，也广为采用。

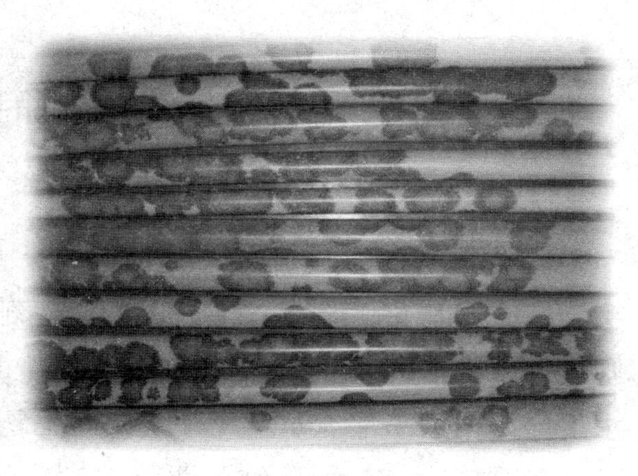

毛笔的笔杆

5. 金属

采用金、银、铜等贵重金属加工制成，笔杆、笔套亦多雕绘花纹，是一种饰管笔。

6. 瓷质

瓷土窑烧成笔杆再上彩绘，握在手中，细滑舒适，是一种饰管笔，较名贵，历代帝王皆喜爱，著名的如乾隆御用笔、雍正官窑瓷笔等。

7. 漆杆笔杆

用珐琅、彩漆、堆朱、镙钿制成雕绘图案，使用者可在写字之余欣赏笔管之美，是一种饰管笔。

8. 玉石

古代帝王、公侯皆好玉，笔杆也爱用玉石来配备。精雕细琢的玉雕笔，是雅致的清供文玩。

第二节　毛笔的制作流程

各类毛笔的制作都须经过选料、除脂、配料、梳洗、顿押、卷头、拣齐、扎头、装头、干修、粘锋、刻字、挂绳等工序。概括起来则俗称“水盆”（在水盆中操作的工序）和“干活”（装头、干修等无水工序）两大工序。水盆工序是决定毛笔用途和质量的关键，笔头要求达到“尖、齐、圆、健”四德。“尖”指笔锋要尖如锥状，利于钩捺；“齐”指笔锋毛铺开后，锋毛平齐，利于吐墨均匀；“圆”指笔头圆柱体圆润饱满，覆盖毛均匀，书写流利而不开叉；“健”指笔锋在书写绘画时有弹性，能显现笔力。毛笔的装潢是“干活”中的后期工序，包括笔杆刻字、刻画、浮雕、漆画、镶嵌、掐丝以及加笔头碗、尾头、挂绳等，体现毛笔的富丽典雅，有些附件还起到加固笔杆的作用。毛笔的制作流程及工序较多，不能一一列举，故本书只简要介绍主要的几个制笔流程。

制笔的毛料，要精挑细选。比如兔尖，指的是兔子背脊上的针毛，一张兔子皮毛往往只能获取一小撮。挑选兔尖时，要先在皮毛上刷两遍水，使其湿润柔软，然后刷上石灰水和肥皂水，再一根一根慢慢寻找，相当费时费力。

通常从皮毛上拔下来的零散毛料，经过一番蘸浸处理之后，分别用牛骨梳和“齐毛板”处理齐整。“齐”的工序，又是花工夫的活儿。笔工一手握住齐毛板，一手拈起梳理成片的毛料，左右手互相配合，将毛料一根一根均匀排列到齐毛板上。一支毛笔上有多少条笔毛，就需要重复多少次这样的动作。由于工序繁复，又要经过多次晾晒，制作一支笔往往需要好几天。

大楷毛笔

以往制作毛笔的兽毛皆由深山中狩猎所得，整件兽皮需自行先将兽皮腐蚀柔化，再将兽毛抓取、分类选用。目前此项工作多已由专业皮毛公司处理，并束成整捆、整朵的原毛待用，因此，现今制笔选毛料的步骤，主要是挑选原毛的长短、粗细以及毛锋、毛身的优劣，并鉴别其弹力，以配合制笔之用。

叠毛，是指整朵原毛以指甲抠除残留兽皮并撕分开来，然后依毛根部位整齐放平，将毛料依长度整理，再把同一长度的毛料以手握紧毛根，另一手执较细密的钢梳约略梳理，叠成一细捆，以备下一步取用。

洗毛、泡水，是指将成叠的毛料用双手捧握，倒置桌面，使毛根齐头，然后再成束泡水清洗，清除毛料上的杂物，最后将干净的毛料依其毛性浸泡清水 6 小时至 24 小时不等。如果情况特殊，兽毛含油脂过量或分泌的杂物腥味较重时，通常以清洁剂或石灰水浸泡清洗。其清洗过程必须技术纯熟，要定量、定时，若使用超量的石灰水或浸泡逾时，则会侵蚀毛质，可能导致断毛，毛料腐坏、脆弱，失去弹力，变得枯涩不堪使用。消毒洗净之后的毛料，仍需要以清水冲洗或浸泡，时间仍为 6 小时至 24 小时。这样做一方面可使残余的清洁剂或石灰水完全自毛料中稀释出来，另一方面可使毛料略微软化。

去毛蒂、除绒毛，是以牛骨梳梳理毛蒂，去除杂物，并梳去绒毛、废毛。其要领是以手捏紧毛蒂，向毛锋方向梳除绒毛，如此反复梳理数次。

毛料有长有短，前段制作皆从毛根平齐上做起，接下来的工作就是要使毛锋平齐，这称作齐毛锋。通常是取约5厘米宽的齐板（兽骨或亚克力板），将一簇毛料锋端沾上粉末，使其湿润不滑，用右手握住绒毛部位，左手持齐板，并以拇指沿齐板边缘线轻按，把右手的毛锋一丝一丝捏住，再由右手慢慢抽出，一步一步排列，使毛锋齐于齐板的边缘直线之上。在笔的“四德”中，“齐”的功夫就在这里。

裁尺寸，是指齐毛锋之后，将毛料依序排列，按长短裁切所需长度，至此毛锋及毛根两头皆齐。因毛根较硬，以后工作时就以毛根作为工作基准点。

为制作不同用途、笔性的毛笔，各种毛料的调配均须讲究适当比例，另外就笔型而剪裁不同长度的毛料，也需特别依主毛料、腹毛料、腰毛料，把笔柱及笔被用料分配适当，如此才可制成品质优良的毛笔。

毛料经调配后，必须细细梳理。把调配好的多种毛料溷合、铺平，然后用牛骨梳从毛根梳向笔锋，细细梳理整齐，再卷回溷合、铺平、梳理，如此反复多次，直到毛料均匀，这样才能保证制成的毛笔在书写时达到“圆”的程度。用左手握紧梳理好的毛料的毛根，右手执细尖刀或平口刀，利用食指夹剔杂毛、粗毛、断锋之毛，毛料就更整齐了。

卷制笔柱时，将挑好的毛料用胶水沾湿后平铺于板上，以左手食指轻压铺平，右手执平口刀，薄薄地平挑出一支毛笔的需要量，放在平板上均匀压平，再夹起来平铺于手指上，用拇指慢慢卷制成笔柱，然后平垫于平板上，使笔根整齐而且笔柱更加圆密饱满。

卷好的笔柱还需用细尖刀与食指剔除毛锋间的杂毛，以及无法齐锋的长毛，并且要试摇笔尖是否锐利，笔力是否合乎要求，如有缺失，则须重新配料制作。

笔柱制好、晒干后，笔型固定，笔的披毛均辅于笔柱，卷成饱满的笔头。

把笔头晒干或烘干，即可用棉线捆扎笔根，捆扎时用力要均匀，最忌变形，再将扎好的笔根涂上固定剂，可强固笔头以免脱掉笔毛。古法皆以生漆涂之，近代由于科技发达，皆以强力胶取代。

笔杆顶端凿有配合笔头的圆洞，上笔杆即将黏剂涂于笔杆顶端及笔头的根部，再将笔头套入待干，即完成一支毛笔的制作。

整笔、刷毛、定笔型，这是制作毛笔的最后一个步骤。待上笔杆之黏剂完全干固之后，用钢刷或笔梳分别以顺笔锋的方向刷整笔毛，将其尚存的杂毛、短毛均予以剔除，并使笔锋自然畅顺，然后浸入已泡好的海菜胶泡着，再整理笔型，使其笔尖圆顺。

整支毛笔完成后，必须再试水，测试笔锋是否浑圆而旋转自如，若有杂毛、劣毛，在旋转中会自然跳出，就必须重新修整后再上胶，如此即可完成一支无缺点的好笔。

上笔套、刻字、包装，是指制成的毛笔成品必须套上笔套以保护笔毫，并在笔杆刻字或贴标签分类，然后包装即成。

第四章　毛笔的种类

根据不同的标准，毛笔可以有不同的分类。比如，按毛笔的大小尺度或用它来写的字的大小分，可以简单地把毛笔分为小楷、中楷、大楷。如果按大小尺度细分，最大的叫揸笔，笔杆比碗口还粗，有几十斤重；其次是提斗、条幅；再次是大楷、中楷（寸楷）和小楷；最小的是“圭笔”。按笔毛的软硬度分，可分为软毫、硬毫、兼毫。按用途分，可分为写字毛笔、书画毛笔两大类，其下还可以细分。按形状分，可分为圆毫、尖毫等。按笔锋的长短分，可分为长锋、中锋、短锋。

较为广泛应用的，是按照笔头原料、笔头大小和用途进行划分。

第一节　按笔头原料分类

毛笔按笔头原料可分为羊毫笔、狼毫笔、紫毫笔、鼠须笔、鸡毫笔、猪鬃笔、胎毫笔、兼毫笔、人造纤维笔等。

1. 羊毫笔

羊毫笔是以青羊或黄羊之须或尾毫制成。书法最重笔力，羊毫柔而无锋，书亦“柔弱无骨”，所以历代书法家都很少使用。羊毫造笔，大约是南宋以后才盛行的，而被普遍采用却是清初之后的事。因为清代书画家讲究圆润含蓄，不可露才扬己，所以，只有柔腴的羊毫能达到这一要求而被普遍使用。羊毫的柔软程度也有差等，如果与纸墨配合得当，也能表现丰腴柔媚的风格，且廉价易得，毫毛较长，可写半尺之上的大字。

羊毫笔比较柔软，吸墨量大，适用于写圆浑厚实的点画，比狼毫笔经久耐用。此类笔以湖笔为多，价格比较便宜。一般常见的有大楷笔、京提（或称提笔）、联锋、屏锋、顶锋、盖锋、条幅、玉笋、玉兰蕊、京揸等。

2. 狼毫笔

就字面意思而言，狼毫笔是用狼毛制成。旧时也确实以狼毛制笔，但今日所称的狼毫，为黄鼠狼之毫，而非狼之毫。狼毫所见于记录甚晚，有人也认为“鼠须笔”即狼毫笔，但这一推测无法肯定。黄鼠狼仅尾尖之毫可供制笔，性质坚韧，仅次于兔毫而过于羊毫，也属健毫笔，缺点与紫毫相似。

狼毫以东北产的黄鼠狼尾毛为最佳，称“北狼毫”“关东辽尾”。狼毫比羊毫笔力劲挺，宜书宜画，但不如羊毫笔耐用，价格也比羊毫贵。常见的品种有鹿狼毫（狼毫中加入鹿毫制成）、豹狼毫（狼毫中加入豹毛制成的）。

3. 紫毫笔

紫毫笔是取野兔项背之毫制成，因色呈黑紫而得名。我国南、北方的兔毫坚韧程度不尽相同，也有取南、北毫合制的。兔毫坚韧，谓之健毫笔，以北毫为尚，其毫长而锐，宜于书写劲直方正之字，向来为书家所看重。白居易《紫毫笔》中有“紫毫笔，尖如锥兮利如刀”，将紫毫笔的特性描写得非常完整。但因只有野兔项背的毛可用，价格昂贵，且毫颖不长，所以无法书写牌匾大字。

紫毫笔挺拔尖锐而锋利，弹性比狼毫更强，以安徽出产的野兔毛为最好。

4. 鼠须笔

鼠须笔由家鼠胡须制成，笔毫纯净顺捷、尖锋，写出的字柔中带刚。

5. 鸡毫笔

鸡毫笔由雄鸡前胸的毛制成，相当柔软，初学书法者难以掌握，因此不适宜初学者使用。

6. 猪鬃笔

猪鬃笔由猪鬃加工蒸制而成，用于书写大匾。

7. 胎毫笔

胎毫由初生婴儿的头发制成，其质极为柔软。南朝萧子云就使用过胎毫笔，可见其历史悠久。

8. 兼毫笔

兼毫笔是合两种以上之毫毛制成，依其混合比例命名，如“三紫七羊”“五紫五羊”等。兼毫笔源于蒙恬改良之笔，最早以‘鹿毛为柱、羊毛为被’，即属兼毫笔。兼毫多取一健一柔相配，以健毫为主，居内，称之为“柱”；柔毫则处外、为副，称之为“被”。柱之毫长，被之毫短，即所谓“有柱有被”笔。而被亦有多层者，便有以兔毫为柱，外加较短的羊毛被，再披与柱等长的毫，共3层，所以根部特别粗，尖端较细，这种笔储墨较多，便于书写。特性因混合比例而不同，或刚或柔，或刚柔适中，且价廉工省，这些都是兼毫笔

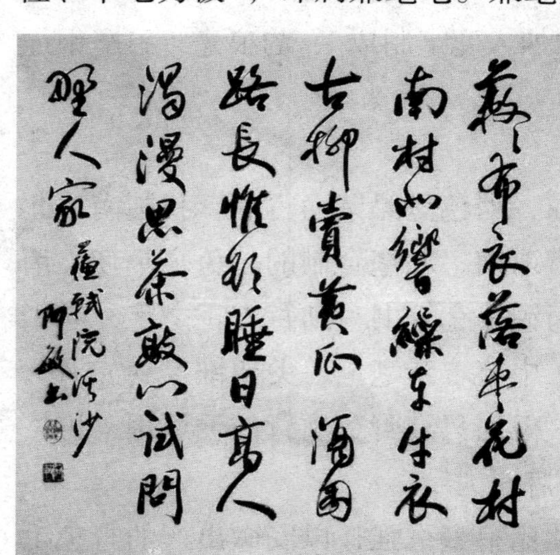

阿敏书法

的优点。

兼毫笔常见的种类有羊狼兼毫、羊紫兼毫。此种笔的优点是兼具羊、狼毫笔的长处，刚柔适中，价格也适中，为书画家所常用。其种类又包括调和式、心被式两种。

9.人造纤维笔

用人造纤维作为笔毛制成的毛笔，成本比较低，且在笔性上比用动物的毛制成的笔要差很多。

第二节　按毛质刚柔分类

每种毛笔所具备的特征、性质各有差别，尤其在制造时调配毛料不同，所显露出的笔性更有刚柔之别。因此，也有人按照毛质的刚柔、软硬特性进行分类。

1.硬毫毛笔

硬毫毛笔就是使用硬度较高、弹力较强的毛料制成的笔，这类毛料包括狸毛、山马毛、牛耳毛、马鬃、猪鬃、貂毛、兔毛、狼尾毛等。

2. 软毫毛笔

软毫毛笔就是使用毛性柔软的羊毛所制成的笔。这类笔的笔力细柔，又可依其柔软弹力的大小而区分柔度，分为全柔、九柔、八柔、七柔、六柔、五柔等。除羊毛外，马胴毛、鹿毛、猫毛、猿毛等皆为柔性毛料。而相同材料中，长锋笔比短锋笔更能表现柔性。

3. 兼毫毛笔

兼毫毛笔是刚性毛料与柔性毛料混合制成的毛笔，显出折中的笔性。如果加大刚性毛料的比例，则为“刚性兼毫”；如果加大柔性毛料的比例，则为“柔性兼毫”。

因各种毛笔的用途不同，在制作调配时，在柔性毛料中增加刚性毛料，可强化硬度，又视添加部位的不同而增强相应部位的硬度。比如，如果要求一支毛笔的笔锋柔软，笔腰有力，能运笔自如，急书慢写顺畅直行又能弹力足，则调料方法为全支毛笔的主毛用羊毫，而在腹部、腰部各配刚度强的狸毛、牛耳毛或猪鬃来加以强化。如果要求笔锋软又有力，则可以羊毫为主，加少许狼毫毛，可以保证笔尖的犀利，使写出的线条有锋芒。

以上硬毫、软毫、兼毫三种不同性能的笔用途各不相同。宋以前的书家大多用硬毫笔书写，到明清时，书家写的字越来越大，笔也由硬毫笔转为羊毫笔，这是因为羊毫较长，宜于制成大笔写大字。大致上，写行书、草书一般用硬毫笔比较爽利，便于挥洒，易于起倒得势；写楷书、隶书、篆书用软毫笔，易于滋润饱满。当然这也不是绝对的，其实既可以用硬毫笔来写楷书、篆书、隶书，也可以用羊毫笔来写行书、草书。比如，当代草书名家林散之就用长锋羊毫笔写草书，既能写得刚健挺拔，又能写得柔韧含蕴。由于笔锋长，蓄墨多，蘸一次墨能写好几个字，易于表现字与字之间连绵不断的气势及墨色浓淡枯湿的变化。

长锋羊毫笔柔软且长，所以容易产生变化无穷、意想不到的艺术效果；但羊毫笔柔软，特别是长锋羊毫笔，笔压下去后就趴下散开弹不起来，难以掌握，这就全靠书写者以运笔的技巧来调节笔锋。而硬毫笔比较好使，由于它的弹性强度大，笔压下去再提起来时，笔锋易于恢复到原来凝聚的状态，所以起倒自如，颇为得心应手；但由于笔毫较硬，极富弹性，笔画又会显得过于锋芒毕露而主角丛生，这是硬毫笔的弊端。总之，用羊毫笔写出刚健挺拔的字与用硬毫笔写出平和柔韧的字，都很不容易。

知识链接

“兼毫”，顾名思义，是兼而有之的意思。即以硬毫为核心、周边裹以软毫，笔性介于硬毫与软毫之间。一般将紫毫与羊毫按不同比例制成，如“三紫七羊”“七紫三羊”“五紫五羊”等；也有用羊毫与狼毫合二为一制成的兼毫笔，以尺寸的大小分为“小白云”“中白云”“大白云”；还有在大羊毫斗笔中加入猪鬃的，以加强其弹性。

第三节 按笔头大小分类

毛笔的笔头，主要由笔锋和副毫组成。笔锋，是指笔头中心那一簇长而尖的部分；副毫，是指包裹在笔锋四周的一些较短的毛。在运笔过程中，笔锋与副毫发挥着不同的作用。笔锋是笔毫中最富有弹性的部分，它决定着笔画的走向和力度，所以有“笔锋主筋骨”的说法。但是光有筋骨而无血肉的毛笔字还不是非常美观的，所以历代书法家在书写时都不是单用笔锋的（而且笔锋与副毫也无法截然分开），而须兼用副毫。副毫控制着笔画的粗细，副毫与纸的接触越多，笔画越丰满，所以又有“副毫丰血肉”的说法。书法家在运笔过程中，是根据自己的审美观来协调运用笔锋和副毫的。看重筋骨，以瘦劲为美的人，就少用副毫；而既重筋骨又重血肉，以丰腴为美的人，就必然多用副毫。

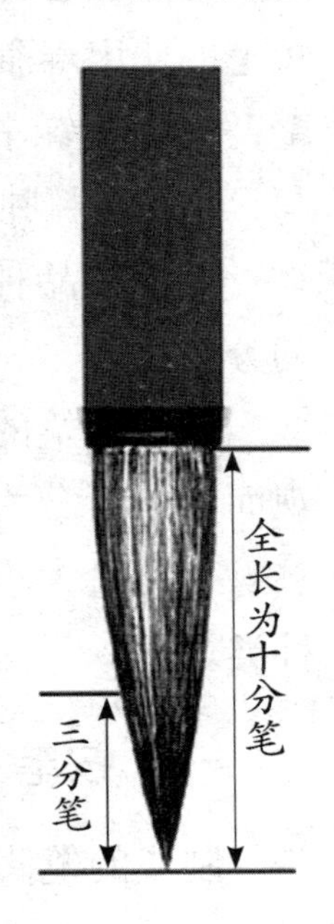

毛笔的笔头，按其部位不同，大体又可分为 3 部分：笔尖（锋颖处）、笔肚（中间部位）、笔根（与笔

杆相接处）。再把笔尖至笔肚的那一部分分成3等份，靠笔尖的1/3这一段就称一分笔，从笔肚到笔尖这一段称三分笔，中间部位到笔尖这一段称二分笔。很显然，如果只使用一分笔书写，笔画就显得纤细、瘦劲，如初唐时的书家褚遂良、薛稷常用此法，宋徽宗的“瘦金书”也是突出的范例；使用二分笔书写，笔画则圆润、俊健，如晚唐的柳公权、元代的赵孟頫多采用二分笔；使用三分笔书写，笔画就显得丰腴、浑厚，如中唐的颜真卿、宋代的苏东坡的作品。

比如笔头长为5厘米，分成10等份，每一等份是0.5厘米，由笔尖向上的0.5厘米、1厘米、1.5厘米分别叫作一分笔、二分笔、三分笔。因为主毫和副毫锋颖都集中在这三分笔之内，也就是说，毛笔的使用以全长的1/3为最佳点，当然也可以在必要时超过三分笔。

一般说来，使用三分笔写字，是用笔的极限。古人有“使笔不过腰”的说法。如果“过腰”用笔，一是极易出现“墨猪”，墨猪即墨团，而且笔锋提起时无法弹回；二是容易导致笔锋开叉收不拢；三是大大缩短笔的使用寿命。对于初学书法者，往往易出现两个极端：一是不敢铺毫，单用笔锋书写，字显得纤弱无力；二是肆意铺毫，甚至用笔根书写，字显得臃肿。所以，初学书法者应首先注意正确地使用笔位。

毛笔的品种有几百种之多，可以根据不同的标准，作出各不相同的分类。

一支毛笔的结构，包括笔头和笔杆两部分，如果另配笔套，就外观而言则可分为三部分，而这三部分依其使用材料的不同、分配比例多寡、用量大小或裁剪长短不等，配成许多组合，就形成许多毛笔的种类。

一、按笔头粗细分类

制成的笔头必须套粘在笔杆上，因此可以以笔杆的粗细分类，将较粗者定为一号，依次顺序渐小，顺称二号、三号……十号。笔杆号不同，相应的笔头粗细也不同。目前每个号称皆无固定尺寸，各笔庄自行确定或就笔性依习俗分类。比如豹狼毫笔，一号为大笔头，直径为 1 厘米；二号为中楷笔头，直径为 0.75 厘米；三号为小楷笔头，直径为 0.6 厘米。一套笔是长锋羊毫笔五支：一号直径为 2.5 厘米，二号直径为 2.2 厘米，三号直径为 1.8 厘米，四号直径为 1.5 厘米，五号直径为 1.3 厘米。可见，按笔杆的粗细分类，并无定规。

另有用笔套大小方式分类的，近年毛笔所用的笔套皆为塑料品。最初工厂提供自定格式时，其分法是最小的定为 0 号，依序渐大，顺称 1 号、2 号、3 号、4 号、5 号、6 号、7 号、8 号、9 号、10 号、11 号、11 号半、12 号、12 号半、13 号、13 号半、14 号、14 号半、15 号，共 20 种，如此分法已渐为业者所公认。

二、按笔头长短分类

一般书写的毛笔，笔头长短与笔头直径有固定比例，通常是 3 至 4 倍，如春笋般顺直。笔头直径增加时，笔头长度也随此比例增长。如果超过这一比例，则称为长锋、超长锋，小于这一比例，则称为短锋、超短锋。

古人对毛笔的使用有很多经验之谈。一般认为初学时不宜买很好很昂贵的笔，而主张使用劣笔，因为如能用劣笔写出好的字来，用好笔就会更称手，写得更好。相反，如果一上来就用很好的笔，一辈子就只会使用好笔，一旦遇到差一点的笔就写不好字了。当然也不能用太差的笔来练字，因为对于初学者来说，会增加难度。初唐大书家欧阳询就有“不择纸笔，皆得如志”之语。

另外，从经济角度来说，正宗的狼毫笔很贵，好的“大兰竹”要卖一两百元一支，而普通的羊毫笔只要两三元，稍好一点的五六元一支。而且狼毫笔因为笔毫硬，容易磨损，使用时间不长，而羊毫笔软且经久耐用，所以对于初学者来说，买一支羊毫笔更经济实惠。

在买笔之前还要了解一下毛笔的型号。毛笔因形制的不同又分为小楷、中楷、大楷，再大就是屏笔、联笔、斗笔、揸笔等。由于各个笔厂的名称、牌号的不同，大小也各不相同。初学者可以买一支长锋羊毫笔，笔锋长度在四五厘米、直径在 1 厘米左右。这样的毛笔可以写 7 厘米见方的大楷字，对于刚学写毛笔字的人来说比较合适。

第五章　如何选择毛笔

第一节　如何辨别毛笔的优劣

古人对毛笔的要求，必须符合“尖、齐、圆、健”的标准，古人将之称为毛笔的“四德”。

尖，指笔毫聚拢时，末端要尖锐。笔尖则写字锋棱易出，较易传神。选购新笔时，毫毛有胶聚合，很容易分辨。在检查旧笔时，先将笔润湿，毫毛聚拢，便可分辨尖秃。

圆，指笔毫的四周要圆实饱满，呈圆锥状，不可在某一弧面上有缺陷或凹槽，否则在写字作画用到这一面时就会出现缺角，笔触不够圆满、传神。

尖

圆

齐

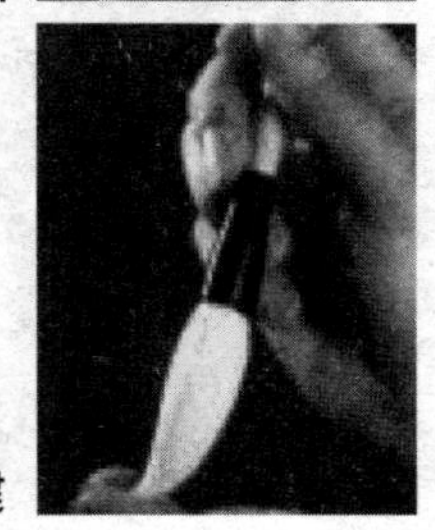
健

齐，指笔发开以后，笔毫的长度要内外一致。检验的方法是，用手指将发开的笔的笔毫捏扁，使笔尖如油画笔一般呈扁平状，这时可清晰地看出笔毛的长度是否一致。优质毛笔的笔毛应该齐平划一，书写时齐心合力，笔画圆满，起倒自如；劣质毛笔的笔毛往往长短参差，书写时在转折挑提或出锋处常有笔毫露在笔画之外，古人称它为“贼毫”。

健，指笔毫要有弹性，笔力挺健。笔按下去，笔毫铺开；笔提起来，笔毫自然恢复到聚拢状态。质量差的毛笔按下后就聚拢不起来，这说明毛笔的杂毛多，笔力不健。

在选毛笔时，理所当然要选具备“四德”的笔，但实际上柜台里拿出来的毛笔，笔毛都用胶水黏合在一起，因此只能检查笔的“尖”和“圆”，至于“齐”与“健”，只有待笔发开来以后才能检查。在这种情况下，可以先看一下笔锋是否尖，因为胶过的笔都是尖的，这时就不能选太尖的，过于尖细就有可能是几根尖毫长得有些过分，说明笔毫的锋并不够齐。应慢慢转动笔杆，仔细检查笔的外围笔毫是否每根均由根部一直到锋尖，其笔锋是否由每根笔毫共同凝聚而成。当然，也不能选笔锋已秃的毛笔，如果新笔已经很秃了，等笔发开就更是秃笔一支。接下来检查毛笔是否圆，转动笔杆的同时，检查笔毫的周围是否圆满，有无缺陷或凹腹。另外，也要仔细检查笔毫是否细，是否挺直。如果笔毛弯弯曲曲，又很粗糙，说明笔不好，待笔发开以后，笔毫会弯曲交错，笔锋不可能挺拔，笔腰会往外鼓，俗称“大肚子”，书写起来就缺乏弹性，不够劲健。好毛笔的笔毫根根挺直，能万毫齐力，笔就劲健。这样，毛笔是否“圆”“健”也就基本可以判断出来了。

此外，还需要检查笔杆是否圆直，可将所选中的笔在平面上滚动一下，如果毛笔滚得很平很匀，说明笔杆圆而且直；如果滚动时笔有节奏地打摆，说明笔杆不圆不直，这种笔在运笔转换方向时不够灵活。

第二节　根据用途选择毛笔

一、书法用笔

从事书法教学者在给出了古人的经典范本、法帖，甚至详细讲解了其用笔的特点要求之后，往往并没有告诉学生这些经典范本、法帖的创作者当时是用什么样的毛笔来创作的，他们只注意到功力的培养、训练，却忽视了与之相关的书写工具。对于众多的学习书画的人来说，如果能先弄清楚名家当时用的是什么笔，然后选择与之相同或性能相近的毛笔进行练习，会收到事半功倍的效果。

为使所购得的毛笔能够用起来得心应手，使笔下的字和线条、墨彩更显神采，在挑选毛笔时就需要尽量选择与自己书写的字体和个人风格相符合的，这样才能写出自己的个性及字体的韵味。这里大体就各种书体比较适用的毛笔品种作一下介绍。

1. 楷书用笔

一般来说，楷体属于静态的书体，运笔速度较缓慢，注重笔压的加力，必须选用笔锋尖齐、笔腰较强健的毛笔，所以以狼毫毛笔为主。另外，以刚度较强的狸毛、花尖毛，混合上品羊毫制成的兼毫笔也是写楷书的好毛笔，这种兼毫笔的笔锋柔畅，笔腰有力，富于弹性，在点画、转折方面容易收放。纯羊毫毛笔的笔性较柔，除特别爱好者，很少有人用来写楷书，要用羊毫毛笔写楷书，必须功力足、运笔认真，才能取得较好的效果。

除了创作，在临摹古代碑帖时也要根据字体的不同来选择不同的毛笔。写柳体字，最好用狼毫毛笔，其次用兼毫毛笔，这是因为柳字多露锋。写欧体字，用笔也以狼毫毛笔、兼毫毛笔较适宜，因为选用笔锋、笔颈部位较细直的更易显出欧体字的韵味。写颜体字，大都藏锋圆浑、厚重，以兼毫笔较易表现，如使用狼毫笔则必须选笔锋、笔腹较丰盈饱满者，只要轻按即可，如果以细直的笔锋毛笔写颜体，必须加重指、腕的用力，在落笔、转折、收笔之间，具有深厚的根基才能达到好的效果，否则写出的字往往枯涩单调，无法显露颜体之美。

2. 行书用笔

行书的运笔速度较快，有整体节奏的缓急变化，也有笔画的抑扬变化，而且书写的笔顺也有改变，当笔画由一笔进入另一笔时，往往以线条来连带，仅具脉络，不同笔画之间的分界并不分明。为了把握住字体的气韵、高雅，除书家的用心外，选用的毛笔以狼毫毛笔较适宜，因其较易把握住顿、挫、停、收、放的变化。如果使用兼毫毛笔，则以混合狼毛及狸毛所制作的较为合适，但所表达的韵味有所不同，写出来的文字较柔畅、圆润。羊毫毛笔在书写行书时往往不容易控制，没有较为深厚的功力者很少会去尝试。当然，如果功力较深，熟知笔性，且能使运笔速度较快，在用笔的变化中较好地表现出抑扬、轻重，用羊毫毛笔来写行书也可以顺畅流利，别有一番风味。

3. 草书用笔

草书字体在造型上有很大自由度，每一点每一画都具有节奏，所产生的美感与趣味轻松流畅。书写草书者往往都有多年的笔龄，在用笔上能够随心所欲，所以对选用笔性的要求并不是必需的，但是为求效果更佳，仍以羊毫毛笔为主，或使用以柔性毛料制成的兼毫笔为好。笔锋选羊毫为主的材料，笔腹、笔腰配备刚度较强之狼毛、狸毛或牛耳毛，作为支撑助力，可使笔毫柔顺流畅，笔力足，不枯涩，挥毫之时可以更加得心应手。

4. 隶书用笔

隶书的字体仍存篆意，多逆笔突进，字体宽扁，波磔显露，用笔必须宜于逆笔中锋书写才好，所以，用羊毫毛笔或兼毫毛笔来书写较易于表达。如果以狼毫毛笔书写，笔锋较健且尖，在回锋、逆笔时可能很难处理，必须更用心才能达到理想效果。

5. 篆书用笔

篆书经数百年的演变，其字体虽有狭长与宽扁、尖削与凝重等不同，但其共同特征是从不规则的形态而渐趋于规则的弧形圆写，从方峻的笔画变为匀称的线条，并且习篆字者大都有一定的笔龄，对毛笔的控制相对稳健，因此可选用羊毫毛笔来书写，尤以长锋羊毫或长锋兼毫更能臻于至境。

二、国画用笔

不同的国画画家往往根据自己的习性不同而选用不同类型的毛笔。比如，狼毫毛笔性刚健、弹力强，适用于画刚健的东西，如鸟的嘴爪，花卉的枝茎、叶脉，山水画的勾、勒、擦或一切需用线条表达的地方。这里针对不同的绘画对象，介绍一下适宜的毛笔。

1. 画梅用笔

画梅的树干要显老辣，枝要硬劲，应用狼毫毛笔或山马笔，以较刚硬的毛笔写之。画梅花有双勾法和没骨法。双勾法是用中锋细笔分左右两笔合成一圈，应选用狼毫毛笔，以其尖健之笔性画之；没骨法是以点戳便成，可用羊毫毛笔，落笔戳点。

2. 画兰用笔

画兰首先画兰叶，画时笔可以含墨饱满，中锋悬腕自根部往外一笔撇去，行笔要爽快、利落，不可迟疑，笔力要直至叶尖，长叶要有转折，过笔要有起伏。为适应表现这种笔墨境界而制造的毛笔被称为

“兰竹笔”，是上等的长锋狼毫毛笔。这种狼毫笔的笔形顺直如春笋，笔锋、笔腹不可过于饱满，这样才便于表达兰叶的纤细。兰花用小兰竹笔（小狼毫）或主笔来画。

3. 画竹用笔

画竹全用中锋画干和枝梢，笔要快速有劲，才能产生圆正浑厚的效果；竹叶要快利刚劲，才能表达竹的特性。选用的毛笔以刚性毛笔且笔锋尖锐者为上乘，因此可以以狼毫毛笔为画竹的主要毛笔，竹竿也可用山马笔画以增浑厚和苍劲。

4. 画菊用笔

菊的画法，数百年来不离勾花点叶法，画花瓣、点花蕊、画茎枝，可用狼毫毛笔、兼毫笔，画叶用羊毫毛笔。

5. 山水用笔

山水画的线条往往中锋、侧锋并用，但总要笔笔有力，随着树、石、山形的变化，用笔要有顿挫，起笔、收笔要曲折灵活地表现出来。画山石、树木用笔应以刚性毛笔为主，比如山马笔、牛耳毫毛笔、狼毫毛笔。画水或云烟雾霭具有飘浮感，可以用羊毫毛笔或软性毛笔，面积较大者可以用排笔一气呵成来画。

第三节　硬毫、软毫、兼毫及毛笔的大小的选择

从前面讲述的内容可知，硬毫、软毫、兼毫三种不同性能的笔的用途各不相同。

毛笔的种类很多，在初学书法和国画时，一般可以选用兼毫的毛笔。因为兼毫的毛笔笔心硬，易于掌握，对以后的进一步学习和提高很重要，而羊毫毛笔和狼毫毛笔，前者很软不易于掌握，后者很硬，

适合画写意画。

也有人建议初学书法的人可以选择羊毫毛笔。这是因为，如果一开始就用硬毫笔，运笔无须多少技法，比较省事，但用惯了之后，就只能使用硬毫笔，对毛笔的掌控能力并无大的提高，一旦拿起羊毫毛笔便顿感寸步难行。相反，如果初学时即用羊毫毛笔来练字，虽然开始时难度大一些，必须用提按换锋的方法才能写出合格的笔画来，但也因此学会了使用软毫笔的方法，随着练习时间的增加，慢慢就会得心应手、应用自如。这时候再拿起硬毫笔来写，会感到轻松自如。

在选择毛笔时，还应当选择适当长短的笔锋，如果笔锋太长则不易于掌握，通常来说，笔锋长可以储存很多的墨水，保证墨够用，适合写草书，可一气呵成；笔锋短则适合写楷书，因为易于书写者掌握。

选择毛笔的大小应根据书写字的大小来定。人们通常说宜大笔写小字，不宜小笔写大字，这是正确的。学生描红字帖有大楷、寸楷，大楷约为 7 厘米见方的字，用笔约用笔头长为 5 厘米左右、直径（粗）为 1 厘米左右的笔为宜；寸楷字就是 3.3 厘米见方的字，选用笔头长为 4 厘米、直径为 0.7—0.9 厘米大小的毛笔为宜。总之，笔的大小根据字的大小而定，否则对毛笔有损伤，书写的效果也不太好。

第四节　毛笔的使用

一、发笔

新笔买来，如果不急于使用，应装入纸盒或木盒内，并放些樟脑丸，以防虫蛀，并要经常晾晒，防止生霉。

新笔使用前要把笔头上的胶水泡开，这叫作“发笔”。发笔时切忌用开水烫，因为开水一烫，笔毫容易弯曲变形。正确的方法是用温水浸泡，使笔头慢慢地自然发开，切不可性急地用力揿压新笔，这样会把笔毫折断，使用时会脱毫掉毛，影响毛笔的使用寿命。对一些制作考究的好笔更应爱惜，为了不让其笔锋因接触盛水容器的底部而受损伤，可以让笔空悬在水中，让其自然发开。新笔浸水的时间不可太久，至笔锋全开即可，要注意不可使笔根胶质也化开，否则毫毛易于脱落，就会变成“掉毛笔”。需要注意的是，紫毫较硬，宜多浸在水中一些时间。

也有人主张笔不要全部发开，只将笔毫发开三分之二，意欲纯用笔的锋部，使其富有弹性。但这样就使长锋笔变成短锋笔，大楷笔变成小楷笔了，含墨量也相应减少，不利于挥洒，所以还是应将笔毫全部发开，然后将笔提出水面，用手指将笔上的胶水轻轻地顺着笔毫往下挤压干净，再把笔浸入水中，轻轻地来回晃动，使笔中的胶水全部溶于水中。切忌用力摇甩，更不能笔锋朝上对着自来水冲，这样会伤笔。待笔上的胶水洗净后，就可书写了。

二、润笔

润笔是写字前的必要工作，不要在每次写字前拿起笔来就直接去蘸墨写字。毛笔保存时必须干燥，如果不经润笔便立即书写，毫毛经顿挫重按，会变得脆而易断，弹性不佳。正确的方法是先以清水浸湿笔毫，随即提起，也不可久浸，以免笔根的胶化开。随后将笔悬挂，直至笔锋恢复韧性为止。

润笔之后，才可开始蘸墨写字。为求均匀，且使墨汁能渗进笔毫，须先将清水吸干，可以将笔在吸水纸上轻拖，直至较干为止。这里所说的干，并不是完全干燥，只要去水以容墨即可。古人说“笔之着墨三分，不得深浸至毫弱无力也”，墨少则过干，不能运转自如，墨多则腰涨无力，都不会取得好的书写效果。

三、洗笔

不少初学书法者做事马虎，写完毛笔字把笔一甩就不管了，这是很不好的习惯。因为墨汁里有胶水，要不了多久毛笔就胶死变硬，如果这时笔毛恰好是开叉的或者弯曲的，干硬后再用，笔毫仍然是开叉的或弯曲的，再也回不到原来挺直的状态。笔用完后也不能泡在砚台里或浸在墨汁瓶里，否则时间一长笔锋会变形，也难以恢复到圆锥状态。

书写之后，需立即洗笔。墨汁有胶质，如果不洗净余墨，笔毫干后便与墨、胶坚固黏合，等再使用时不易用水或墨化开，极易折损笔毫。

洗净之后，先将笔毫余水吸干并理顺，再将笔悬挂于笔架上，可使余水继续滴落，至干燥为止。需注意置于阴凉处阴干，以保存笔毫原形及特性，不可暴于阳光下。保存笔的要领以干燥为上。如果偶尔由于没能及时洗笔而使笔毫上的积墨干后黏结，可用温水浸泡，不可硬性撕散或用开水浸泡，以免断锋掉头。

毛笔用过之后，一般情况下不要使用笔套，因为将毛笔往笔套里插的时候，笔毫容易被笔套挤压得变形或折断。但是常用的小楷笔，因使用频繁而总是洗笔也会让人觉得麻烦，往笔套里一插很方便，这样就必须选择口径大于毛笔直径的笔套。有人喜欢将洗过的笔往笔筒里一插，笔尖朝上，如此笔毫中的水就会往笔根淌，久而久之会烂根、脱毛。因此，毛笔在使用之后最好还是洗净后悬挂起来。

四、掭笔

掭笔蘸墨也有讲究，一般将毛笔倾斜，使笔毫锥面接触砚面，然后顺着笔毫方向掭笔，并不断转动笔杆，边掭边转，把笔毫掭齐掭尖，使其呈圆锥状。切忌倒行逆着笔锋捣笔。如果嫌笔毫中墨汁太多，可在砚边上刮去一些，使笔毫中的墨汁适宜，直到掭尖掭圆为止。

第六章　湖　笔

第一节　蒙恬制笔与湖笔的关系

湖笔发源地在浙江省吴兴县善琏村（现为吴兴区善琏镇）。善琏在隋朝时属于乌程县，宋朝改属临安县，因两地均为湖州府所管辖，所以这一带生产的毛笔统称为“湖笔”。

流行于浙江一带的民间故事，通常传说蒙恬是在浙江湖州发明了毛笔，如1982年上海文艺出版社出版的《中国土特产传说》一书中即持此说。这一说法，在历史文献中能否找到充足的依据呢？

《史记·蒙恬列传》记载，蒙恬祖父、父亲皆有战功，为高级将领。蒙恬初为书狱典文学，这是管理监狱判决书之类的职务。“始皇二十六年，蒙恬因家世得为秦将，攻齐，大破之，拜为内史。”内史之职，是管理朝廷文件的官员。“秦已并天下，乃使蒙恬将三十万众北逐戎狄，收河南，筑长城。”这时，蒙恬从一个文官转为指挥30万大军守卫、建筑长城的武将。不久，“始皇欲游天下，道九原，直抵甘泉，乃使蒙恬通道”。秦始皇统一中国后，巡视全国，命蒙恬“通道”，即开通道路。《史记·秦始皇本纪》载，秦始皇巡视全国时到过湖州：“三十七年十月癸丑，始皇出游……行至云梦，望祀虞舜于九嶷，浮江下，观籍柯，渡海渚，过丹阳，至钱塘，临浙江……上会稽，祭大禹……还过吴，从江乘渡，并海上，北对琅琊。”这段中的“还过吴”的“吴”就是后来的湖州。这说明，秦始皇巡视天下，途中到过湖州，而蒙恬作为“通道”护驾，自然一定也到过湖州。

《史记·项羽本纪》中载：“项梁杀人，与籍避仇于吴中，吴中贤士大夫皆出项梁下。”籍即项籍，就是项羽。秦朝末年，项羽在湖州起兵，曾打出扶苏的旗号。以此推断，作为扶苏亲信的蒙恬也很有可能潜逃暗藏在湖州，因为文献中有蒙恬劝太子不死的记载。今湖州还有“掩浦”，又称“项浦”之地，就是当项羽看着秦王嬴政在眼前经过，大声说“彼可取而代之”时，项梁掩项羽口之地。这在《湖州府志》上也有记载。项浦在今湖州南皋桥一带。秦始皇病故后，秦二世、赵高篡夺帝位，太子扶苏自杀，同时也逼蒙恬自杀。蒙恬起先不愿死，声称：“我何罪于天，无过而死乎？”但君命不可违，于是吞药自杀。蒙恬死后，夫人卜香莲带着幼子蒙颖，由门客陪伴返回故里隐居下来。专家认为还有一种可能，蒙恬未随太子自杀，而随妻子潜入蒙溪，从而将制笔的技艺传授给乡民，湖笔也就此在湖州善琏落根。

又有《归安杂录》载：“善琏古称蒙溪。相传秦始皇东巡稽（今绍兴）、邮拳（今嘉兴），命护驾大将蒙恬屯兵游城，镇犒吴越。蒙纳卜夫人，随征塞上。卜夫人，字香莲，贤而慧，取羊毛、兔毫制笔书于帛，仕尉皆颂其才。后蒙恬遇难，夫人携幼子颖，由门卜迁、沈且伴归故里隐居，授乡民以制笔三技。汉武帝时谥封蒙恬，立祠以祭，称其地为蒙溪。”在这段文字中，毛笔的发明者成了“贤而慧”的卜香莲。蒙恬带卜香莲北征，蒙恬批阅公文，需用笔书写。那时的笔是把竹竿端部劈开，笔头夹在中间，用丝线缠牢后再涂上漆，用起来相当不便。卜香莲看到丈夫书写不方便，于是将笔改进了，成为“以柘木为骨，鹿毛为柱，羊毛为被”。蒙恬一用之下，果然书写方便，很快推广到仕尉中，将尉大夫们也齐称颂卜香莲。但当时卜香莲只是一介女妇，无名无望，于是将造笔及改良笔的功绩归属于蒙恬名下。这样的解释也说得过去。

第二节 湖笔的兴起与发展

湖州历来是东南形胜之地，历代才子迭出，文风不绝。著名书法家王羲之、王献之、颜真卿、米芾、苏轼、王十朋等都曾为官或寓居湖州，更涌现了曹不兴、张僧繇、贝义渊、朱审、释高闲、徐表仁、燕文贵等湖州籍书画俊才。隋朝时，王羲之七世孙智永禅师（原名王法极）居湖州永欣寺三十余年，求书者众多，以致踏破了门槛。他所写秃、用坏的笔头积满了五簏，埋在庙旁，被称为“退笔冢”（一说“瘗笔冢”）。智永禅师曾书写草书《千字文》800本，赠江南各寺。这在清代同治年间的《湖州府志》中有所记载：“（善琏）一名善练……居民制笔最精，盖自智永僧结庵连溪往来永欣寺，笔工即萃于此。”这些书画家的艺术活动，在繁荣文化的同时，也带动了湖州制笔业的兴起。经过唐宋两代的发展，湖笔技艺有了很大的进步。

南宋时期，湖州是士大夫聚焦之地，他们和文士吟咏风流，寄情书画，也带动了书画用具的发展。这一时期受书风的流变和泼洒写意的文人画的影响，毛笔的毛料由以兔毫为主转向以羊毫为主。同时，由于宣州地近宋金边境，在元兵入寇前的一二百年间，可能已有部分笔工南迁至宋都临安附近的湖州，这也对湖州毛笔制造水平的提高起到了推动作用。

伴随着宋、元两股势力在江淮之间进行的长达四十多年的拉锯争夺，宣州的人文经济极为凋敝，笔工走避江南。此时的湖州成为南宋遗民聚居之所。南迁的部分笔工徙居湖州，与江南硕果仅存的毛笔使用群体相互扶持，按照文士、画家的需求来改进制笔工艺，由此催生了湖笔。

湖笔蜚声四海，通常认为是始于元代。元以前，全国以宣笔最有名气，柳公权、苏东坡都喜欢用宣州笔；元以后，宣笔逐渐为湖笔所取代，奠定了毛笔之冠的地位。据《湖州府志》载："元时冯应科、陆文宝制笔，其乡习而精之，故湖笔名于世。"当时，钱舜举（钱选）的画、赵孟頫的字、冯应科的笔被并称为"吴兴三绝"。湖笔的成名，即与赵孟頫有关。赵孟頫对自己使用的湖笔的要求非常严格，据《湖州府志》记载，赵孟頫曾要人替他制笔，有一支不如意，即令拆裂重制。在湖笔制作中，这种严格的质量要求一直流传至今。

随着赵氏书法雄踞海内、朝野交誉，赵孟頫"日书万字"而不败的冯应科制作的"妙笔"，其声名便不胫而走，深入天下文人之心。有元一代，湖州制笔能工迭出，冯应科、沈日新、温生、杨显均、陆颖等十余人留名史卷，就此奠定了湖笔之名。

明朝时，文化中心的北迁，使力图善价而沽的湖笔能工们驾起一叶扁舟，开始了入京售笔之旅。当时主修《永乐大典》的解缙等人，对陆颖、陆文宝、徐原珪、施廷用等笔工制作的毛笔十分赞赏，纷纷为之赋诗咏赞。其后，善琏笔工便逐渐散布于大江南北、京师通衢，虽然远离故土，但湖笔之名世代不易。据现有文献粗略统计，在湖州之外所开的湖笔店大体有：北京戴月轩、贺莲青、李玉田笔庄，上海杨振华、李鼎和、周虎臣（一说属宣笔）、茅春堂笔庄，苏州贝松泉笔庄，扬州兴散寺笔庄，天津虞永和笔庄等。

清光绪年间，湖州的笔工们捐银在镇西的永欣寺旁建起了蒙公祠，又将镇上的一条河命名为蒙溪。每年逢蒙恬和蒙恬夫人的生日即农历三月十六和九月十六，四方笔工都云集蒙公祠，进行隆重的祭祀笔祖的仪式，称为蒙恬会，后来被湖笔文化节取代。

第三节　历代文人咏湖笔

中国书画的技术核心是“笔墨”，而毛笔是它的缘起和承载。湖笔，与徽墨、宣纸、端砚并称为“文房四宝”，而且被列为“四宝”之首。湖笔之所以能成为名笔，除了历代笔工选料之精以及制作用心之外，也与历代文人、书画家的广泛使用有关，他们在使用过程中就笔的选料与特性等方面与笔工进行交流，提出改进意见。

大量文人、书画家的参与，推动了湖笔质量和知名度的不断提高，还留下了大量赞颂湖笔和记述与笔工交往的诗文佳作，流传至今。

元代诗人杜本《赠冯应科》诗中写道：

吴兴冯笔妙无伦，近有能工沈日新。

倘遇玉堂挥翰手，不嫌索价如珍珠。

冯应科、沈日新均为元代湖州著名笔工。

元代诗人吴澄《代柬曾小轩谢冯笔蜡纸之贶》诗中写道：

坡公诧葛吴，蔡澡朱所褒。

迩来浙西冯，声实相朋曹。

元代诗人仇远《赠溧水杨老》诗中写道：

浙间笔工麻粟多，精艺惟数冯应科。

吴升姚恺已难得，陆震杨鼎肩相摩。

吴升、姚恺、陆震、杨鼎均为元时湖州著名笔工。

元代大书画家赵孟頫《赠张进中笔生》诗中写道：

平生翰墨空馀习，喜见张生缚鼠毫。

韩子未容诿兔颖，涪翁底用赋猩毛。
黑头便有中书意，黄纸宁辞署字劳。
千古无人继羲献，世间笔冢为谁高？
张进中，字子正，是元代湖州著名笔工，与赵孟頫交往甚密。

明代诗人曾棨《赠笔工陆继翁》中写道：
吴兴笔工陆文宝，制笔不与常人同。
自然入手超神妙，所以举世称良工。
陆文宝，为明代湖州著名笔工。

第四节　湖笔在当代的发展

湖州笔工聚居于善琏镇，所以善琏镇又有“笔村”之称。镇上家家户户以制笔为生，世代相传。制笔名工历代皆有，如元朝的杨均显，明朝的旋齐、王有右，清朝的曹凯玉、沈集元，以及近代的徐海田，都名满大江南北，各地书法家都乐于使用他们的毛笔。历代进贡皇家所用的御笔，很多就是由他们承制。善琏镇上的制笔作坊一字排开环列其前后左右，形成了一个独特的别具风格的笔工世界。各家作坊互相竞争，在技巧上各有不传之秘，但世代聚居，又相安无事。

湖州历代的制笔师傅以其精湛的制作技艺和优异的质量，确立了湖笔在中国毛笔中的突出地位，成为中国“文房四宝”之首，其影响也渐渐扩大到许多地方。1937 年，310 名善琏镇笔工迁居苏州，始有苏州湖笔，如今产笔之地如江苏、江西都有湖州善琏制笔技艺的踪迹。

随着擅长书法者日益增多，各地的笔店多有人常驻湖州订货，供应市场。有的则聘请湖州笔工传授其制法，大有长江后浪推前浪之势，如上海的李鼎和、杭州的邵芝言、苏州的杨二林等，都是杰出的笔工。而在湖州本地，最负盛名的是周虎臣和王一品。赫赫有名的胡开文、曹素功两家笔墨大店，也都是打着湖州招牌，以湖笔相号召。

自1956年手工业合作化中建立的善琏湖笔厂始，到20世纪90年代初，善琏及附近地区有善琏湖笔厂及善琏湖笔二厂、三厂（含山湖笔厂）、四厂（石淙湖笔厂）、五厂（莫蓉湖笔厂）和千金湖笔厂等颇具规模的制笔企业，其中善琏湖笔厂和善琏湖笔二厂、三厂等厂均有工人四五百人，整个善琏地区制笔从业人数达2000多人，年产湖笔达1000万支，约占全国毛笔总量的20%。善琏湖笔厂的“双羊牌”“古塔牌”和王一品斋笔庄的“天官牌”湖笔是享誉国内外的著名品牌，多次获得部优产品、出口银奖和全国毛笔评比第一名等殊荣，曾作为国家领导人的用笔和出访礼品。

湖笔在当代取得了更快的发展，已经发展为包含羊毫、兼毫、紫毫、狼毫四大类，近300个品种，在国内外享有盛誉。

湖笔文化推动了中华文明的发展，促进了中华民族与世界各族人民的文化交流，特别是孕育了一大批历史文化名人。从中国绘画史上被尊为“佛画之祖”的曹不兴，到开一代风气之先的赵孟頫，再到近代被尊为“海上画派”宗师的吴昌硕，以及有“现代王体第一人”之称的沈尹默等，无一不是以湖笔为中国书画史书写了浓墨重彩的一页。其中，王羲之、王献之、谢安、颜真卿、皎然、杜牧、李治、张志和、陆龟蒙、皮日休、陆羽、张先、苏轼、秦观、王蒙等或为湖州当地名家，或为政、客居湖州，他们不断把湖笔文化推向高潮。

在宋元时期文人书画技艺发展、变化的推动下，湖笔工艺不断改进、优化，到了元代，出现了冯应科、张进中等制笔名匠。据明代《弘治湖州府志》记载，“湖州出笔，工遍海内，制笔者皆湖人，其地名善琏村”。从元至清，善琏镇几乎家家制笔，工艺不断进步，善琏成了湖笔的代名词，制笔名匠历代辈出。清乾隆六年（1741），湖州城内又办起了我国最早的集湖笔生产和经营为一体的王一品斋笔庄，笔工皆为善琏人，均系善琏湖笔的一支。

善琏湖笔厂、王一品斋笔庄、含山湖笔厂是传承湖笔传统工艺的主要企业，所生产的双羊牌、天官牌、双喜牌是湖笔的名牌。1979 年至 1987 年间，善琏湖笔厂的双羊牌湖笔获得浙江省优质产品、轻工业部优质产品称号，1988 年又获轻工业部优秀出口产品银质奖。

随着旅游事业的发展，越来越多的国际友人和旅游者慕名来到湖州，参观访问王一品斋笔庄。1982 年春，日本书画家青山衫雨率江南文化考察团参观王一品斋笔庄，对制笔技艺产生极大兴趣，他用王一品所制之笔即席挥毫，留下珍贵墨宝。

1994 年，湖州王一品斋笔庄天官牌白元锋笔、博古策笔在北京举办的第五届亚太博览会上分别获金奖和银奖。

为了适应旅游事业的需要，王一品斋笔庄专门制作了一批供观赏的湖笔，如“兰亭”“鹅池”“翠亭春”“西泠汉石”“半屏山”等，被誉为旅游珍品。王一品斋还为已故社会名人特制纪念笔。郭沫若逝世一周年，王一品斋精制了“鼎堂遗爱”毛笔（鼎堂为郭沫若别号）。国画大师吴昌硕平生爱用湖州羊毫笔写石鼓文，王一品斋仿照他的用笔，生产了“缶庐妙颖”。王一品斋还制作了一批书画笔，以纪念杰出的文学家茅盾。

湖笔不仅有“湖颖之技甲天下”的盛誉，而且孕育了具有鲜明地域特色的湖笔文化。湖笔文化是指由湖笔而生成、繁衍、发展的文化现象、文化历史、文化成果（包括物质的和精神的）的总和，是中华民族优秀的文化遗产。湖笔文化包括笔艺（讲究选料，选器具，制笔工艺即所谓“尖、齐、圆、健”四德等）、笔道（运笔时讲究人品、意境、思想、审美、礼仪等）、笔历史、笔风俗、笔文学、笔艺术、笔宗教、笔建筑（笔塔、笔亭、笔冢等）在内的与湖笔有关、在湖州发展壮大而形成的文化体系，融诗文、宗教、思想、民俗、旅游、包装工艺等于一体，在不断丰富湖州区域文化的过程中积累了丰硕的文化成果。

第五节　湖笔的特点与制作

湖笔之所以能在门派众多的中国毛笔中位列最佳，主要是由于湖州一带自然条件优越，风景优美，气候适宜，所产的山羊毛质地优良。用这种羊毛制成的毛笔，具有笔锋尖锐、修削整齐、丰硕圆润、劲健有力等特点，书写起来得心应手，挥洒自如。

湖笔的特点可概括为“三义四德”。“三义”指技术制作上的精、纯、美。“精”指拣、浸、拨、梳、结、配、择、装等全部工序都一丝不苟；“纯”指选料严格细腻；“美”指形、色及配合的笔杆、刻字、装潢等高度统一。“四德”则要从书写的效果上来解释，即“尖、齐、圆、健”。“尖”指笔头饱满浓厚，吐墨均匀；“齐”是笔锋尖锐不开叉，利于钩捺；“圆”指圆转如意，挥洒自如；“健”指健劲耐用，不脱散败，有弹力而又尽显书者笔力。

一般的毛笔，最大的缺点是容易脱毛和笔尖开叉，再好的笔一旦脱毛或开叉，就成了废品。湖笔却能避免此弊病，这主要得力于两个方面：一是湖笔在选料上煞费苦心，有独到之处。据说，以前为朝廷专制的湖笔所用的羊毫不是来自一般的羊，而是专门精心饲养的羊。这种羊不吃草料，只吃桑叶，因此羊的脂肪集中于毛细管，取其毛制成的笔坚而有劲，临池则挺而有力。二是在制笔时狠下功夫。毛笔虽小，但制作起来要有精到的技艺，选料固然是关键，但更重要的是修工。一支好笔前后需反复修整十来次，即使是制笔高手，一天也只能修成一支。如果修得不到家，即使是选料极精，最后也难出佳品。

湖笔由纯手工制作，制作工艺十分复杂。一支湖笔从选料到成品出厂，一般需要经过择料、水盆、结头、装套、蒲墩、镶嵌、择笔、刻字等十几道大工序，其中又细分为120多道小工序。在众多工序中，以择料、水盆、结头、择笔4道工序要求最高，最为讲究，尤其是水盆和择笔更为重要。这些工序由技工专司，选料精细，制作精工，尤其讲究锋颖。制作工匠秉承“精、纯、美”的准则，生产出“尖、齐、圆、健”四德齐备的成品湖笔。

湖笔笔料的品种繁多，有软毫、兼毫、硬毫三大类300多个品种。以羊毫为例，传统上只择取杭嘉湖一带所产的优质山羊毛，因这一带以羊毫为上品，锋嫩质净。这些优质笔毛料按质量等级分类，有“细光锋”“粗光锋”“黄尖锋”“白尖锋”“黄盖锋”等40多个品种。每一个品种之下又分出若干小类，其精细程度丝毫不亚于绣花。湖笔所取毫料须陈宿多晒，除去污垢，然后再根据毫料扁圆、曲直、长短、有无锋颖等特点，浸于水中进行分类组合。笔头的每根毛都要经过仔细挑选，再经梳、结、压、择等各种工序才能制成。

湖笔的笔杆主要取自浙西天目山北麓灵峰山下的鸡毛竹，它节稀干直，竹内空隙较小，是制作笔杆的理想原料。

富阳特产的峡岭湖笔的笔杆采用坑西苦竹制成，一是色泽好，越经水漂摩搓，越是滑润可人；存放年代越久，越见光亮如油。二是质地坚韧，用刀绞削不破不裂，竹渣薄如扇页，明透可鉴人。这样的苦竹，观之瘦劲典雅，掂之圆浑凝重，是制作笔杆的上品。而且这种竹是立冬以后砍伐的，笔杆不易遭虫蛀。峡岭湖笔的笔毛挑选也很有讲究。羊毛采用头颈、四腿和胯间的毛锋毛；山兔毛采用背部的白毫、紫毫，宁精而少，不粗不滥。传统湖笔的笔毫具有笔锋尖锐、修削整齐、丰满圆润、劲健有力的独特风格。

在传统湖笔生产流程中，制作笔头是最重要的工序之一，几乎完全要靠手工操作。制作笔头的两大工序为“水盆”和“择笔”。

1. 水盆

湖笔取材于各色兽毛，其中用料以紫毫、花毫（兔毛）、羊毫和狼毫居多，并经过水盆、结头、车斗、择笔、刻字等大流程和百来道小流程。第一道工序之所以叫“水盆”，是因为制作者必须在一个不深不浅的水盆中完成此道工序。水盆是湖笔制作中最复杂、最关键的一道工序。

从事水盆工序的笔工通常坐在水盆前面，将一团团纠结在一起的羊毛用水打湿，用一只牛骨梳一遍遍地梳理，直至基本把羊毛理顺，显出锋芒。在这一过程中，那些没有锋的毛和杂毛都要挑掉（每根毛的毛尖处都有一段半透明有韧性的毛尖，这就是毛笔的锋，有锋的毛笔才能写出锋韵）。挑杂毛的时候，要用右手大拇指和刀片一起把杂毛夹掉，长年累月下来，制笔师傅右手的大拇指关节会磨出厚厚的茧，加上常年的浸泡，看上去更像一个大水泡。所以，这是一项十分艰苦的工作。另外，做水盆辨认锋颖的唯一方式，是利用灯光凭肉眼来挑取，没有十足经验的老师傅绝不敢做这一道工序。而唯有如此细致，才能制作出落纸如云、挥毫如意的湖笔。

现代的湖笔厂都设有宽大的水盆车间，整齐地放着一排排水盆，笔工们在水盆中反复梳洗、逐根挑选毛料，再按色泽、锋颖、软硬等不同级别对毛料进行分类、组合，做成刀片状的刀头毛，然后再放在水里缕析毫分，把断头的、无锋的、曲而不直的、扁而不圆的毛剔除，整个过程非常精细。

2. 择笔

择笔也是分拣毫毛的一道工序，该工作基本由男人担任，尽管不用把手泡在水里，但也极费眼睛。笔工将制成的毛笔笔头半成品在干燥状态下散开，一手握住笔杆，一手拿着修理工具，迎着光线把没有锋颖的笔毛拣去。修好的笔头要像笋尖。择好的笔放到鹿角菜熬成的糨糊里浸透，晒干后就可以包装上柜台了。

水盆和择笔两道工序对于坐姿也有特殊的要求，笔工宜侧身而坐，身朝南而面稍偏东，处于自然光线的照射下。因为毛毫的锋颖只有在自然光线下才能达到清晰的最佳可视效果。择笔还十分讲究脚的摆放，笔工右脚的脚背往往拐在左脚的脚跟上，座位是板凳，使笔头在操作时不会塌腰，从而保持身体的平衡挺直。

在一支湖笔的制造所需要的大大小小的120多道工序中，光是水盆和择笔所用到的工具就有骨梳、掀刀、盖笔刀、择笔刀、敲笔尺、拣刀等。而在现代毛笔制造中，笔头及其他工序几乎还是纯手工的，只有笔杆可以用机器加工。

第六节　湖笔的困境与新的发展

湖州作为湖笔文化的发源地，自古就是湖笔生产的主力地区。随着一大批老技工的相继离世，年轻人又不太愿意涉足湖笔制作，更谈不上对湖笔的研究与开发。不可否认，湖笔制作技艺正在走下坡路。在20世纪五六十年代，3家善琏镇制笔厂每个厂都有300到400名工人。而进入21世纪以后，善琏湖笔厂及善琏含山湖笔厂都出现技术人才流失的问题，在湖州地区从事湖笔制作的总人数不超过1400人。

除此之外，湖笔的产销经营格局也发生了很大的变化，一方面，原先的集体所有制笔厂在改制中大多化整为零，企业规模缩小；另一方面，私人小厂甚至家庭个人纷纷进入湖笔制作和经销队伍，湖笔在毛笔业的地位已在悄然发生变化。这样发展的结果是湖笔产能下降，效益降低，其主要原因在于大多数湖笔企业不知如何利用好湖笔资源，发挥好善琏湖笔的品牌效应，也没有关注湖笔的发展，缺乏以创新的意识和开阔的胸怀去深入研究文化发展的新趋势和市场的新需求。湖笔制作人只能更多地为各大名笔企业加工，获得不多的加工制作收入，善琏毛笔制造企业每年都为上海“周虎臣”、杭州“邵芝岩”及苏州制笔企业加工不少毛笔，产品贴的是外地企业的商标，湖笔的品牌影响力也逐渐减弱。例如，善琏镇生产的湖笔每年约有10%直接销往苏州，再由苏州进行装饰、品牌包装，打上苏州厂家的商标在国内外销售。

与此同时，由于湖笔的历史知名度和优良品质，对“湖笔”商标抢注不止，“湖笔”标识被滥用，湖州以外的制笔企业打着“湖笔”牌子的数不胜数。“湖笔”品牌保护缺失，导致湖笔发展缓慢、产业萎缩，制作工艺面临失传的危险。

在20、21世纪之交，湖笔制作开始走入民间，一批制笔世家重出江湖，试图力挽湖笔的颓势。其中较有影响的，是湖州出现的一家周公笔庄，由有26年制笔经验的周瑾女士传承父业，一手打理。她沿着父辈走过的路去拜师讨教，到市场调研，在湖州许多前辈和媒体的帮助下，恢复和创制出130多种湖笔品种。她定制的“玉蕊”“玉蕾”“玉颖”及“吉祥、致和、如意”等套装笔，赢得了各界人士的赞誉。她还利用当地资源，设法用湖州丘陵山地广有的苦竹制作笔杆。苦竹的竹节较短，竿中有一个竹节。但是有了这个节，就等于在执笔的指间多了一个支点，下笔反而有了力度。周瑾女士的这一创新型笔杆，受到了使用者的欢迎。此外，她还着手开辟山羊饲养基地，以保证特长、特优的长锋羊毫的来源。只有制笔人明白书画发展与毛笔的关系，才能下功夫开发多样化、多功能的毛笔以求传统工艺与时代的同步。近年来，湖州像这样的民间笔庄还有很多，在这些创立者和制笔师傅们的身上，显现出湖笔在传承与创新中进一步发展的希望。

如今的毛笔外观与以往已大不相同，仅笔杆就有景泰蓝笔杆、珍珠笔杆、驼骨笔杆等，笔身上刻有山水画、古诗词，包装有透明型的、书本型的……这些新颖的湖笔刷新了外地客商对湖笔的原有印象。许多当地的个体商家，还利用网络使这些创新后的湖笔成功打入了国际市场。

如今的毛笔，还演化成一种摆设，许多人用其馈赠亲朋，这也间接促使湖笔通过创新改良，产生了许多新品种。例如，用景泰蓝代替原有的竹管木管，镶上水晶或者宝石，或者用各种毛料装点笔头，为购买者提供了极其丰富的表现形式。还有许多家长为了给刚出生的孩子一个成长的留念，会请笔工用孩子的胎发制作胎发笔，并在笔管上刻上姓名、生辰，取知文识墨、知识渊博的兆头，作为摆件收藏。

为弘扬民族传统文化，复兴湖州东南望郡盛名，湖州市人民政府特兴建中国湖笔博物馆、赵孟頫纪念馆，以恢宏千年文脉，为湖笔故里的历史长卷添上一笔新的墨彩。

中国湖笔博物馆坐落于湖州市区莲花庄公园东侧，于 2001 年 9 月建成开馆。湖笔博物馆是集湖笔历史文物排列、工艺流程展示、精品博览和销售于一体的地域特色传统文化博物馆。其主题部分设：湖笔源流厅（陈列湖笔历史文物）、湖笔工艺厅（展示湖笔传统制作工艺流程、制笔技工现场操作）、湖笔陈列厅（汇集王一品斋笔庄、善琏湖笔厂等生产的百余种各式精品湖笔）、湖笔名人厅（展出领导人所使用的湖笔名品，以及大家名流、书法家赞誉湖笔的书画作品）。

湖笔精湛的制作技艺是具有鲜明地域特色的湖笔文化的重要组成部分，但是社会文化的转型、书写工具的革新、对经济利益的片面追求导致湖笔出现次品泛滥、工匠流失、传承乏人的状况，使传统湖笔技艺受到很大冲击，应积极采取措施保护。2006 年 5 月，湖笔制作技艺经国务院批准，列入第一批国家级非物质文化遗产名录。

2007 年 4 月，文化部组织开展国家级非物质文化遗产项目代表性传承人推荐、评选工作，根据要求，传承人必须是能够完整掌握国家级非物质文化遗产项目或者特殊技能，具有公认的代表性、权威性与影响力，并且能够开展传承活动，培养后继人才的人物。经过严格的推荐、申报、评选、公示、复审等程序，文化部在 1138 名候选人中确定了第一批共 226 名国家级非物质文化遗产项目代表性传承人。湖州市知名笔工、湖州善琏湖笔厂厂长邱昌明被认定为传统手工技艺类中的湖笔制作技艺传承人。

邱昌明是善琏人，他在 1966 年就进入善琏湖笔厂做学徒，师从湖笔老艺人姚关清，学习湖笔的传统制作工艺。经过十多年的刻苦钻研，邱昌明的制笔技术不断提高，制作的笔头锋颖清晰、整齐、无杂毛，具有“光、白、圆、直”的特点，能让使用者书写时“应手从心，挥洒如意”，备受人们赞赏。他还根据市场需求的新形势和新变化，对湖笔制作工艺进行改良和创新，不断生产出湖笔新产品，得到了广大用户和客商的肯定。

启动书法作品

邱昌明先后获得轻工业部荣誉证

书、省优秀工艺美术专业技术人员、市首届民间工艺美术大师等荣誉称号，并多次赴北京参加表彰会。他主持制作的“双羊牌”湖笔荣获原轻工业部二轻局主办的全国首次毛笔质量评比第一名、省优质农产品金奖、中国文房四宝协会命名的“中国十大名笔”称号；他设计、主持制作的外销日本市场的“出口级名笔”获市优秀新产品奖。

为了传承、发展湖笔传统制作技艺，邱昌明精心传帮带，培养了多名优秀制笔工人。他表示，虽然受到文化转型、书写工具改变等因素的影响，湖笔产业出现了工匠流失、传承乏人的状况，导致湖笔传统制作技艺的保留和发展也面临着一定困难，但是他会努力把湖笔传统制作技艺传承下去。

第七章 宣 笔

第一节 宣笔在古代的发展

宣笔产于古宣州，因地而得名。唐代韩愈所著《毛颖传》记载，秦将蒙恬率军南征伐楚，行至中山地区（在古代宣州境内），发现中山兔毛长，质地最佳，于是以竹管为笔杆，兔毛（又称紫毫）为笔头制作毛笔，世称“蒙恬笔”，即为宣笔的鼻祖。蒙恬南征的时间，是在公元前223年，距今已有2000多年。

关于中山的具体方位，有两种说法，一说中山在今宣城市宣州区和泾县一带，一说中山在今江苏省溧水县境内。《元和郡县志》二十八卷载，中山在宣州溧水县东南15里处，因唐宋时期宣州府地域广泛，溧水县属宣州管辖。

蒙恬发明的这种以兔毫、竹管制造的书写工具，又称为“秦笔”。隋开皇九年（589年），改宛陵为宣城后，秦笔亦改称为“宣笔”。

到唐代时，安徽泾县成为全国的制笔中心，宣笔声誉日隆。此时的宣笔无论在制作技巧、选用材料还是笔杆的雕镂艺术上，都已日臻完善。盛唐时期，宣笔与宣纸一起被列为“贡品”，宣笔还成为“御用笔”。据《旧唐书·地理志》记载，唐天宝二年，唐玄宗登楼看新潭、南方数十郡特产，排列在楼下，其中就有宣城郡的笔。

兔毛（紫毫）十分珍贵，制作上乘的宣笔所用的兔毛须为秋天所捕获的长年在山涧野外专吃野竹之叶、专饮山泉之水的成年雄性毛兔之毛，而且只能选其脊背上一小撮黑色的弹性极强的双箭毛，可以说是少之又少，取之不易。因此，唐律中把宣笔列为贡品时，规定“岁贡青毫六两、紫毫三两”的明确数量。用两为计量单位，且只有六两和三两这样的微量标准，在唐律所列出的“贡品”中可能是仅此一项。

宣笔制笔名家辈出，宣笔也盛行全国，成为文房珍品之一。当时很多文人雅士盛赞宣笔，以诗词歌赋表达自己对宣笔的向往、使用宣笔的感受，或表达从朋友处获得宣笔的激动心情。黄庭坚在《谢送宣城笔》诗中写道:“宣城变样蹲鸡距，诸葛名家捋鼠须。一束喜从公处得，千金求买市中无。”从诗中第三、第四两句可看出当时宣笔的代表诸葛笔只能从朋友处获得馈赠，即使花上千金，在市面上也买不到，所以，诸葛笔应是当时的“特供品”。

宣笔制作的材料可分为两大类。一类为笔杆，普通的有木杆和竹管，较高级的有玉管、瓷管、雕漆管等，更有甚者在笔管上雕镂象征吉祥的龙凤图案，以示奢侈豪华；另一类是笔头，主要有紫毫、狼毫、羊毫、鼠须、鸡毛、鹅毛等兽毛禽羽，其中以紫毫为精。各种笔毫的性能不同，紫毫偏硬，狼毫次之，羊毫较软，适合于不同的书体和画风。此外，还有用人发、胎毛、胡须制作笔头。

说起用人须造笔，还有一个颇为有趣的传说。唐代张怀瓘《书断》中记载，岭南没有兔，地方长官郡牧得到一张兔皮，就拿给工人制作毛笔。该笔工因醉酒丢失了兔皮，醒后心中恐惧，就把自己的胡须剪下来做笔，结果笔竟然很好用，郡牧就叫笔工多做几支给他，那笔工的胡须没那么多，只好说了实话，于是郡牧下令百姓供应人须做笔。

宣笔在历史上也留下了许多与名人有关的故事，“梦笔生花”“江郎才尽”这两个成语故事便与宣笔有关。

据《开元天宝遗事》记载，诗仙李白才华横溢，一生创作了许多脍炙人口的传世佳作，而究其所以，据说是由于李白小时候曾梦见自己所用的笔头生出花来，一觉醒后便文思敏锐，下笔成诗。这就是“梦笔生花”典故的由来。

“江郎才尽”，说的是南朝梁代时有一个人，名叫江淹，他年少时曾梦见一人送给他一支五色笔，那人自称是郭璞。江淹梦醒之后，以文章闻名于天下。虽然故事中的送笔之说在史传中并无记载，但故事还有下文，据《南史·江淹传》记载，江淹曾夜宿冶亭，梦一老人，自称郭璞，他对江淹说，我有一支笔在你手中，已用了多年，现在该还给我了。江淹便从怀中取出五色笔还给老人。从此，江淹便才思衰竭，再无美文佳句传世。“江郎才尽”就成为人们形容才情文思衰退的词语。

到了宋代，笔工巧匠辈出，制笔技术又有大幅提高，而且笔杆的雕镂艺术也达到了精美绝伦的地步。在当时全国制笔业中，以宣城诸葛高、诸葛渐、诸葛元等名声最重。除诸葛氏外，江南歙州一带也出现了不少制笔名家，有吕道人、吕大渊、张迁、汪伯立等。澄心堂纸、李廷珪墨、汪伯立笔、羊斗岭砚在宋代被称为“新安四宝”。

到了元代，随着浙江善琏镇（古属湖州府）所产的湖笔地位的上升，宣笔的地位渐趋下降。到元代末年，连年征战使制笔业受到重创，宣城的笔工有很多流入徽州和湖州。流入徽州的笔工加入了制作墨、砚的行列，流入湖州的笔工为了糊口，重操旧业，使湖笔制作的技艺和影响日趋提高，最终湖笔的地位超过了宣笔。尽管如此，宣笔笔工中也不乏高手，如徽州詹斗山、詹素文、胡竹溪、张天宝、曹素功、胡开文等人，都颇负盛名。

明代，生产湖笔的湖州和生产宣笔的太平为江南两大制笔中心，宣城仍有少数笔工继承祖业坚持制笔，但由于太平县处山区僻地，所以宣笔的影响依然逊于湖笔。到明末清初，皖南制笔业一度复兴，产地集中在太平县赶坦集（今甘棠镇）。据清代歙人江登云所撰《素壶便录》记载，元明以来，宁国府太平县有“刘、程、崔三姓聚族各千余家，强半攻其业”，制笔名家有刘公豫、刘文聚、程彩禄等，刘氏子侄辈也多有制笔精妙之人，称誉一时。

清代，宣笔生产依附制墨业而得到发展，如徽州曹素功、胡开文均以制墨起家，随着业务扩展，也兼制毛笔，经营上以墨为主，兼营纸、笔。当时泾县、歙县、太平等地均产宣笔。由于商业的大幅度扩展，宣笔技艺开始从皖南传到皖北、皖西地区。

早在乾隆年间，颍州（今安徽阜阳）已设有明道堂笔店。咸丰时，该店的笔工李秀章在家乡杨桥集（今属临泉县）开设笔店，所制毛笔自称为“明笔”，其工艺均取宣笔技法。同治三年（1864 年），宣城笔工合伙在六安州设三品斋笔店，就地招徒制笔，业务迅速扩大，几年之内，六安州一地笔工即多达数百人，知名的笔庄有天云堂、玉林堂、文德堂、二品堂、文明斋、二品斋、极品斋等。到光绪初年，三品斋由笔工夏均安经营后，改名为一品斋，所产之笔集南北笔之大成，畅销苏、浙、沪等地，并出口日本和东南亚地区，极负盛名。一品斋制造的大卷紫毫和仿古京庄两种笔，宣统元年（1909 年）在南洋工艺品赛会上分别获得金、银奖章。

民国以后，科举废除，军阀混战，社会不宁，加之西方“自来水笔”（即钢笔）的传入，全国制笔业整体低迷，安徽的宣笔业也日趋衰落。到新中国成立前，皖南仅有汪锦云、时青云等几家笔庄，年产量不足 3 万支。此外，六安的笔业基本倒闭，临泉虽有程步升、程步青和李万中父子等名手制笔，但产量甚微。

第二节　宣笔在当代的发展

新中国成立后，宣笔重新复苏，六安一品斋和歙县、旌德、临泉等地的制笔业相继恢复生产。1956年，六安一品斋通过合作化形式建立毛笔生产合作社，临泉县也由笔工李德昌等人组成杨桥毛笔生产合作社。1962年秋，歙县老胡开文墨厂开始兼营毛笔。到1965年，据六安、歙县、旌德三县统计，毛笔产量已达30万支。1966年后，为适应形势需要，省内许多地方社、队也创办起小毛笔厂，全省毛笔产量约达1000万支，但多为低档劣质产品。

70年代，宣笔开始有了转机，宣笔传统产地泾县先后建立安吴笔厂、茂林宣笔厂、梦中仙笔庄、鹤举堂笔店等社、队企业，随后安吴笔厂改建为泾县宣笔厂。宣城县也建厂恢复宣笔生产，临泉县则在谭棚设厂制笔，淮北市办有留香阁毛笔厂。80年代前期，一些制笔厂家进行了程度不等的技术改造，毛笔品种增加到千种，特别是泾县宣笔厂继承和挖掘传统技艺，恢复生产了久已失传的古胎毫笔、玉管宣笔、石獾笔等30多种传统产品，而且按当代书画家的需要，研制了“莲蓬斗笔”“梦笔生花”“墨海腾波”“仿古瓷笔”等40多种新产品。

宣笔历来品类繁多，安徽各地所产之笔均源自宣笔，但由于长期的探索和积累，不同地区的厂家也形成了各自不同的特色。泾县一带所产的毛笔，以泾县宣笔厂产品为代表。泾县宣笔厂位于泾县城东南15公里的安吴镇，为安徽省主要制笔厂之一。该厂在继承和发扬传统技艺、开发宣笔新产品方面取得显著成绩，能生产不同系列的宣笔共300多个品种，特点是毛纯耐用，刚柔得中，具备“尖、圆、齐、健”四德之美。

为提高宣笔质量，宣笔厂采取了查考制笔史料，挖掘失传珍品，聘请制笔高手来厂传艺，再请书画名家试笔征求意见等多种措施，特别是在根据当代书画家需要创制新产品方面成绩卓著。赵朴初、启功、刘海粟、李苦禅、李可染、吴作人等都曾为宣笔厂题词或留赠试笔作品。

泾县宣笔厂主要产品有“莲蓬斗笔”“安吴遗制”“梦笔生花”“仿古瓷笔”“鹤颈”等羊毫笔，狼斗、联笔等狼毫笔，以及“宣州紫毫”“西山红叶”等紫兼毫笔，特号石獾、山马兼毫、虎须、豹须、鼠须、仿唐鸡距笔等硬毫笔。其中，莲蓬斗笔是一种形如荷藕莲蓬状的大笔。笔杆为红木制作，笔斗为牛角质，上凿有13个小孔，每孔一绺毫料，合成笔身，形同莲蓬状，笔毫选用上等的马胎鬃、兔须、青兔毫为原料；笔端以主毫为锋，强健挺劲；副毫多头，环抱不散。此笔含墨量大，软硬适中，便于洗涤，宜于书写榜书大字和大幅泼墨中国画。此笔被画家刘海粟赏识，并嘱将其列为“刘海粟选毫”。莲蓬斗笔先后获省优质产品和优秀新产品奖。

泾县宣笔厂为书法家林散之设计的鹤颈羊毫笔，笔头以嫩、直、圆、长的山羊毛制成，具有柔、软、圆、糯的特点。此笔制成后，林散之曾作诗称赞：“人人都知湖州笔，岂料泾城笔亦佳。秋水入池花入座，斜笺小草兴无加。新制几支初试手，尖圆齐健足堪夸。谁谓今人不如古，蒙恬自是后生家。”泾县宣笔厂根据书画家赖少其建议制成的古法胎毫，为仿古产品，笔头以细嫩山羊毛为柱，婴儿胎发为披，其性至软，宜于书法。北尾合毫斗笔为书画家亚明所设计，笔头以吉林产大狼尾毫掺以其他兽毛制成，具有锐、韧的特点。这些可以作为当代宣笔的代表。

第三节　让宣笔恢复昔日光彩的传承人

作为传统的纯手工制造业的宣笔厂家，坐落在深山溪口镇的宣州宣笔厂又名“张苏笔庄”，最为著名。20世纪80年代，宣笔制作名家张苏以精于制笔的精湛技艺和忠于制笔的赤诚之心，将宣笔做到最好，让宣笔重拾昔日的光彩。张苏也由此成为安徽民间工艺大师、第三批国家级非物质文化遗产项目“宣笔制作技艺”的代表性传承人。

张苏本名张祥圣，1942年出生在江苏扬州江都县。清朝末年，扬州人朱炳生到安徽铜陵学得宣笔制作技艺，回家乡后开办笔店。张苏13岁时跟随当时已是制笔名家的朱炳生学艺。学成后，张苏已是制笔能人。从1955年到1963年，张苏先后在四家毛笔厂任技术指导。1963年，应泾县战岭毛笔厂邀请，张苏到了泾县。1966年，他返回家乡江都，进了江都南荀毛笔厂。

1973年，张苏再次扎根宣城。当时，江都的制笔工艺发达，但制作上等毛笔的原材料紧缺，急需产于宣城的野兔毛，而泾县宣笔厂急需技艺高超的制笔师傅来帮助提高产品质量，于是泾县宣笔厂与江都方面达成协议：宣城支援江都野兔皮，江都派人指导宣城技术。就这样，张苏与另一位制笔师傅来到泾县。

在泾县期间，张苏先后任安吴毛笔厂和泾县宣笔厂车间主任。这期间，他和同行一起为书画大家刘海粟特制的“莲蓬斗笔”、为林散之特制的长锋“长颈鹿”受到二人的高度赞誉，书画界一时竟相追随。正是从此时，已被湖笔占据多年风头的宣笔重新渐扬其名。

但是，当时的企业体制在很大程度上束缚着张苏的手脚。就在这时，宣州溪口一家乡办毛笔厂濒于倒闭，急聘张苏来指导生产。于是，

1980年，张苏举家来到山清水秀的古镇溪口。4年之后，张苏另起炉灶，办起了自己的宣笔厂。

对于制笔，张苏精益求精。一支毛笔从选毫到成品要经过200多道工序，他在每道工艺上都严格把关，丝毫不马虎，而对原料，他宁愿贵点，也要精选。

猪鬃是毛笔最主要的配料，过去都是直接添加到毛笔中，但猪鬃上的油脂不易吸墨，影响毛笔的使用。张苏发明了高温去油法，将猪鬃捆扎后，高温蒸煮24小时，不仅去除了油脂，还增加了猪鬃硬度，使制出的笔既易着力，又便于掌握，刚柔相济。羊毛是写字的，像皮肉；猪鬃有撑劲，像骨头；一柔一刚，两者要配起来，写字的时候不开叉，就必须将猪鬃经高温蒸煮。

作国画的毛笔主要取用石獾的毛，在石獾越来越少的情况下，张苏和著名书画家亚明反复琢磨，试着用牛耳朵里的毫毛替代石獾毛。经过反复研究，张苏开发了牛耳毫系列宣笔，达20多个品种，填补了宣笔空白。张苏笔庄的牛耳毫系列宣笔畅销全国，每年售出近万支。

独特的工艺，加上严谨的制作，张苏宣笔很快在市场上赢得荣誉，“极品兼毫”“齐锋玉颖”等笔一亮相都是金奖。2008年5月，在北京举办的第八届国际书法交流大会上，中国书法家协会特意定制张苏宣笔，作为国礼赠送与会的国际友人。目前，张苏宣笔已发展到300多个品种，年产量达100多万支，而且供不应求。

张苏广交书画家，每制成新笔，都要送给他们试用，听取意见和建议，然后按他们的要求改进工艺，他还能按照艺术家的独特要求，为他们做出称心如意的毛笔。刘海粟、李可染、吴作人、陈大羽、萧娴、武中奇等都是张苏宣笔的使用者，对张苏的技艺一致赞誉。许多书画大家为张苏赠字画、提建议，还为他的笔厂做宣传，如书法家武中奇为张苏笔庄题词：“得心应手，助我挥洒。”

第四节　宣笔的制作工艺

宣笔的制作不仅精于选料，更注重工艺。一支合格的宣笔，从外观上来看应当是：笔头平顺，圆直光滑，盖毛均匀，笔锋整齐，拢抢不散，笔杆光亮，装潢牢固，无偏锋、虚尖、秃锋、乱锋等现象。其工艺可分为水盆、装套、修笔、检验、装球五个部分，更可细分为浸皮、发酵、柔笔、选毫、分毫、熟毫、扎头、笔套、易毫、刻字等十几道流程与70多个操作工序各工序，往往需要多人合作。就拿修笔和检验来说，就必须细之又细、精之又精，一支上品宣笔要反复修笔多次，并用放大镜来检查。

水盆选料的功夫十分深奥，其对水盆工的技术要求是：齐毫，即齐毛要直，不歪斜；切毫，即柱毫、披毫，尺寸准确；尖毫，即尖衬、尖毫、尖盖毛三类均匀；整毫，即小顶到八字间，无弯不脱毛，小旋大旋不开叉，无虚尖；圆笔，即大、小、尖、肥、饱、瘪等均匀一致；盖毛，即厚薄一致；配锋，即锋口标齐，深锋浅锋配合一致；扎笔，即笔根整平，线扎紧，周围松香烧透，不松线。

装配的操作要求是：根据不同品种，选择合格杆、套，再将笔杆口磨齐、擦清，宽窄、深浅一致，二道线要整齐，线面、杆面要相平，不破杆。挖眼时要做到润边一致，套眼光滑，笔杆要套进深度适中，套后不打箍，不触尖，套口与笔杆紧密、无间、不破套。

俗话说：“三分水盆七分修。”修笔要有眼锐手快、操作娴熟、除毫利索的技巧。修笔的技术要求是：按品种规格焊笔，做到进出一致，牢固不偏顶，笔头不沾漆，剔衬适宜，抹胶实，笔头要圆，不偏不斜无水槽，毫清顶齐，无虚尖；配锋盖毛锋口要排齐，不露出笔胎毛；

清洁笔头要做到不变色，及时晾干、晒干或烘干；盘顶时要仔细，虚尖盘齐，小旋大旋不开衩，达到“尖、齐、圆、健”之“四德”。

装套这道工艺须十分仔细，要将挂头与杆、套装配平整、光滑、不稀缝、不破裂，达到套齐、杆齐、笔身齐的标准。牛角工的技术要求是：牛角配件的长短、厚薄、直径、深浅要一致，做到口平眼正，杆身圆直，式样统一，刨细美观，无歪斜凹凸的现象。刻字工的技术要求主要是做到：刻字端正，笔画清晰，字距恰当，大小一致，排列整齐，美观大方。

装套的笔管装饰雕镂，自古以来就极为讲究，皇家贵族喜欢把毛笔作为显示自己财富的象征。南北朝和隋唐时期开始用金、银做笔杆。如果采用竹竿，也要选上等的斑竹，并将斑竹管镶嵌上象牙、玉、香木等珍贵的装饰。此后，笔工又创造出金管、银管、瓷管、斑竹管、象牙管、玳瑁管、玻璃管、镂金管、绿沉漆管、棕竹管、紫檀管、花梨管等多种式样新颖别致的笔管，真是丰富多彩，争奇斗艳，精雕华饰。直到清乾隆年间，金银玉雕等豪华的笔管制作才逐渐减少，遂以竹木、瓷石、牛角等为主。

第八章　湘　笔

第一节　湘笔的盛衰

我国的制笔工艺到明清时形成两大流派，一派是以浙江湖州善琏镇为主要产地的湖派，我国东南及北方诸省制笔业，都属这一派；另一派是以湖南长沙为主要产地的湘派，流行于中南及西南诸省。

湘笔是在湖笔影响下，从元末明初时期开始崛起，逐渐得到发展的。湘笔的主要产地以长沙为中心，其制笔历史可上溯至唐代的郴州（今湖南郴州）笔。明清时湘笔的主要特色在于笔头制作方法采用杂扎技术，即将不同笔毫不作分层，而是相互间杂扎在一起，取得刚柔相济的效果，并有“水毫”“兼毫”等知名品种，至今仍有广泛影响。

到明清时期，已形成湖笔、湘笔等名品并存的局面。各地制笔业竞相发展，进入了毛笔制造业的鼎盛阶段。这种状况，同时也适应了明清书画技法的多种面貌对毛笔性能的不同需求。

直到民国时期，湖笔和湘笔仍各具特色，各有影响。以长沙为中心，邻近的湘阴、湘潭、湘乡等县，毛笔制造业都非常发达，成为一个大产业。兴盛时，湘阴一县有 1 万多名笔工，长沙也有数千人从事制笔业。长沙市内有笔庄 70 多家，最有名的有彭三和、王文升、余仁和等大店。南阳街一条街就集中了 17 家，成为有名的“笔窝子”。当时所产湘笔，不仅销往全国各地，还远及东南亚、日本。但是，1938

年的“文夕大火”，使湖南制笔业一蹶不振。在这场大火之后，长沙的制笔业完全颓败。到新中国成立后，浙江湖州的湖笔几乎一统天下，湘笔销声匿迹。直到改革开放以后，以长沙为中心的湘笔才得以重新发展。

第二节　湘笔的代表——杨氏制笔

20 世纪 80 年代初期，“笔窝子”南阳街年近 80 岁的老笔工杨德富，看到习字绘画之风开始普及，便立意发展湘笔生产，让湘笔制作文化重新辉煌。于是，他重操旧业，以住房当作坊，挂起了“杨氏制笔世家”的招牌。

杨德富出身于长沙农村，堂叔杨贵生早年就学制笔，在长沙开了家“杨荣华笔庄”。杨德富 13 岁时跟着叔父学制笔，不久叔父介绍他进入条件最好的王文升笔庄当学徒。王文升技术精良，对学徒要求苛严，制笔的 50 多道工序，一丝一毫也不马虎，再加上叔父的严督，杨德富对选料、水盆、干作等全套制笔工艺已十分娴熟。学徒第三年，杨德富便成了制笔行业的“全褂子”，技艺高人一筹。1940 年学徒期满，杨德富在南阳街开办了自己的笔店“世界笔庄”。20 世纪 50 年代公私合营，长沙成立第一家毛笔制作社，杨德富被任命为社长，组织 100 多人从事毛笔生产。

20 世纪 80 年代，杨氏制笔开张之后，杨德富认为湘笔要起死回生，就得独守旧法，严格按传统生产程序制作，不折不扣地抓质量。在这样的主导思想下，杨氏毛笔一批又一批地生产出来，声誉远播，各地的书画家闻名而来，络绎不绝。

到 2006 年，杨德富制笔生涯 70 年，包括新华社在内的 20 多家媒体对杨氏毛笔进行了报道。有媒体统计，杨老一生制出的湘笔，足足超过百万支。

杨德富去世后，全家一致推举黄希林为新一代掌门人。黄希林秉承杨德富对工艺和材料精益求精的要求，对毛笔制作严格要求，使杨氏制笔的影响继续扩大，而且传出佳话。

1954 年发掘的长沙市雨花区左公山十五号墓中，出土了中国文物中最早的书写工具——战国中期楚国毛笔。楚式毛笔笔杆以竹制成，杆长 18.5 厘米，直径 0.4 厘米，笔毛为上好的兔箭毛，毛长 2.5 厘米，出土时，毛笔套在一根小竹管内。黄希林认为，仿制楚式毛笔是向世界宣扬中国毛笔文化的大事，一定要仿制好，一杆一毛都不能走样。湖南省博物馆设有杨氏毛笔专柜。为适应旅游事业的需求，由省博物馆监制，杨氏毛笔庄仿制出楚式毛笔，受到世界各地游人的喜爱。游客们购到仿制 2000 多年前的楚式毛笔，纷纷将之视为最有文化品位的纪念品。

古人说："工欲善其事，必先利其器。"名画、墨宝能千古流传，书画家能创作出优秀的作品，离不开质量上佳的毛笔。制作毛笔犹如一门严谨的艺术，一位手艺高深的师傅所制作的毛笔，完全可与杰出的艺术品相媲美。

在毛笔制作中，对原料和工艺流程都有着严格的具体要求。

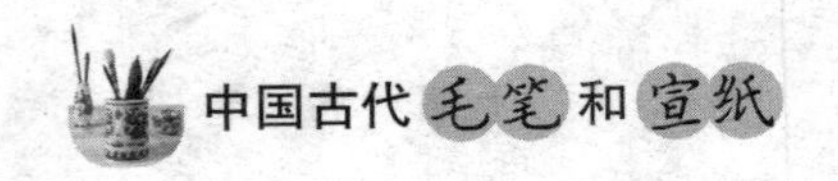

第九章　名人与毛笔

一、王羲之与鼠须笔

熟悉中国文化特别是练习过书法的人们都知道中国古代书法宝库中的《兰亭序》，素有“天下第一行书”之称。这件墨宝的书写者就是有“书圣”之称的王羲之。

唐代何延之在《兰亭记》中写道：“以晋穆帝永和九年暮春三月三日，（羲之）宦游山阴，与太原孙统……等四十有一人，修祓禊之礼。挥毫制序，兴乐而书，用蚕茧纸、鼠须笔，遒媚劲健，绝代更无。”

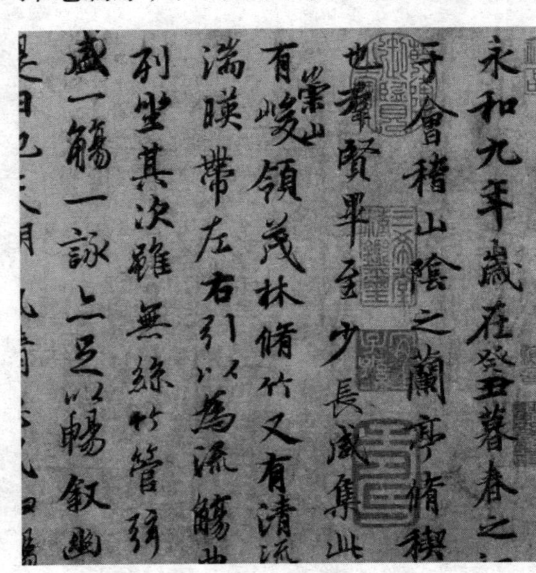

王羲之《兰亭序》

自从《兰亭记》一文行世，让世人了解王羲之笔下的千古行书《兰亭序》是用“鼠须笔”写成的之后，很多书法家和制笔人便对这支名称奇特的毛笔产生了极大的兴趣，历代都有人试着研制。但是一般人多从字面上理解，以为鼠须就是指老鼠颏下之毛，同时又觉得奇怪：“书圣”为什么会选用这种采料十分困难的笔毫呢？后世学王羲之而成名的书法家也有很多，并没听说哪位大家学王字专门使用这种笔，这是什么原因呢？

事实上，王羲之所用的鼠须笔，与老鼠没有一点关系，而是指现今所谓的狼毫，也就是鼬鼠（俗称黄鼠狼）尾部的毛。鼠须笔这一名称的存在，只是由于当时还没有狼毫的统一名称。

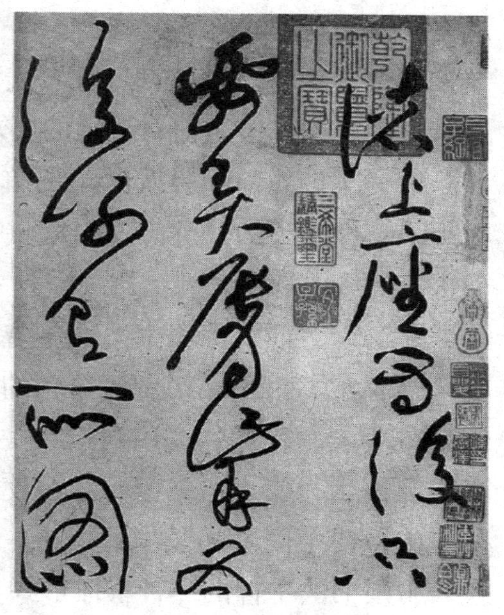

黄庭坚《诸上座帖》

在宋代，不少文人、书法家习惯上还是沿用鼠须之名以代狼毫，如欧阳修为蔡襄写《集古录》，用鼠须为润笔，送元甫诗，赠之以宣城鼠须之管；苏轼写《宝用塔铭》也是用鼠须，且在跋中提到为“一时之选”当时紫毫笔刚开始被文人认可，以狼毫制笔、送礼、写字，是一件值得夸耀的事。

鼠须改称狼毫，应以元代赵孟頫为最早。虽然唐代已有使用狼毫笔的事实，但到了元代才有人首次为它正名。而狼毫见于记载，在比胡朴安稍早的王渔洋的文章《居易录》中即可见到，文中说元时张进中善制笔，“管用坚竹，毫用鼬鼠，精锐宜书。”这一记载，说明元代已有专工狼毫的笔家。由此看来，自元代赵孟頫以后，狼毫已普遍且正式取代鼠须之名，而广为人们所接受。

二、柳公权首倡“长锋细毫”

唐代柳公权在《谢人惠笔帖》中写道：“近蒙寄笔，深慰远情。虽毫管甚佳，而出锋太短，伤于劲硬。所要优柔，出锋须长，择毫须细。管不在大，副须切齐，齐则波磔有凭，管小则运动省力，毛细则点画无失，锋长则洪润自由。”

中国书法史上盛传“笔谏”美谈的唐代书法家柳公权，其书风以劲健瘦硬著称，但是他对毛笔的要求不像大小“二欧”那样选用硬毫，而是以优柔即宽舒率性为选笔的首要条件。要达到这样，就要求“出锋须长，择毫须细”。柳公权的这一主张，反映了毛笔随时代书风演变而进步的历史规律。

在初唐之前，中国书法在主流面貌上仍沿袭着江左风流，讲究的是风神含蓄，排斥一切剑拔弩张的放纵情绪。这样的书写要求反映在制笔方法上，就是选毫以劲挺为主。到了盛唐，社会氛围改变了，以张旭、怀素为代表的书家，大胆使用振迅飞扬的笔势，追求张扬博大的气魄，使中国书法艺术的奇迹——狂草达到了艺术的高峰，并成为代表中国书法精神的一种书体形式。在这样的书法局势下应运而生的，就是长锋散卓笔成了狂草书家的书写利器。虽然他们没有对此明确发表过意见，但他们的成功尝试，开启了世人对毛笔的多元思考，到晚唐时期，才在柳公权《谢人惠笔帖》中表达了出来。所谓“锋长则洪润自由”，一语道出了盛唐大多数书家在用笔趣味的追求上与王羲之及其奉行者不同的关键所在。

其后，南宋姜夔《续书谱》中说：“笔欲锋长劲而圆，长则含墨，可以取运动，劲则刚而有力，圆则妍美。予尝评世有三物，用不同而理相似：良弓引之则缓来，舍之则急往，世俗谓之揭箭；好刀按之则曲，舍之则劲直如初，世俗谓之回性；笔锋亦欲如此，若一引之后，已曲不复挺，又安能如人意邪！故长而不劲，不如弗长；劲而不圆，不如不弗劲，纸笔墨，皆书法之助也。”这段论述可以视为对柳公权“锋长则洪润自由”的深入解释。

宋人邵博的笔记作品《闻见后录》中有一段记载，可从中看出柳公权的用笔倾向：“宣城陈氏家传右军求笔帖，后世益以作笔名家。柳公权

柳公权书《玄秘塔》碑

求，但遗以二枝，曰：‘公权能书，当继来索，不必却之。’果却之，遂多易以常笔，曰：‘前者右军笔，公权固不能用也。’”宣城陈氏以造传统短锋劲毫闻名于世，从家藏右军帖到仿制右军笔，但柳公权使用之后，终于还是放弃了这种毛笔。在宋代苏易简编撰的《笔谱》中对此事也有记载：“世传宣州陈氏世能作笔，家传右军与其祖《求笔帖》。后子孙尤能作笔。至唐柳公权求笔于宣城，先与二管，语其子曰：‘柳学士如能书，当留此笔。不尔，如退遗，即可以常笔与之。’未几，柳以为不入用，别求，遂与常笔。陈云：‘先与者二笔，非右军不能用。柳信与之远矣。’”

在柳公权所处的年代，还有一种专供经生考试及胥吏文书使用的“鸡距笔”，即束心短锋硬毫，笔锋犀利如鸡之后爪，故名。作为唐代书法革新家之一的柳公权，指出这类毛笔“笔锋太短，伤于劲硬”的缺点，至于改良之法，则提出要改成“长锋细毫”。可以说，柳公权《谢人惠笔帖》预示着北宋无心散卓发展时代的来临。日本大村西崖在所著的《中国美术史》中特别写道：“笔锋之长者，自柳公权始。”也是将长锋笔的宣扬与应用之功记在了柳公权名下。

三、赵孟“三管合一”

清代孙炯在《砚山斋笔记》中写道：“赵文敏善用笔，所使笔有宛转如意者，辄剖之，取其精毫别贮之。凡萃三管之精，令工总缚一管，则真草巨细，投之无不可，终岁任之无弊矣。”

自唐宋以后，“二王”书风渐趋衰落，赵孟頫力倡复古，为恢宏前人翰墨精神，重振一代书风，做出了巨大的贡献。他的书法人称“赵体”，与唐代的“颜体”“欧体”“柳体”并称为中国四大书法字体，在元、明、清三代书坛享有很高的声誉。

赵孟頫出身皇族，兼诗、书、画三绝于一身，他说“结字因时相传，用笔千古不易”，由此强调用笔比结构重要，成为影响后世书法思想极大的论书名言。他严格精选毛笔的习惯与看重用笔的主张，看来是一致的。但他也因精于用笔而招来不虞之毁，如明人张丑《清河书画舫》中曾批评他的字“过于妍媚纤柔，殊乏大节不夺之气”，即是说赵体太过甜熟。近人马宗霍《书林纪事》中记载：赵孟頫落笔如风雨，一日能写一万字。名声大振，甚至有天竺的僧人赶数万里路来求其书，带回自己的国家当国宝保存。事实上，今传赵书数量之多确为历代书家所罕见。

或许正因为写字多，速度快、精择耐用而顺手、“终岁任之无弊”的好笔，对赵孟頫来说，确实十分需要。他所居住的故乡浙江吴兴恰是元代造笔最盛的湖笔的生产地。当时最著名的笔工冯应科、张进中皆与赵孟頫相友善。冯应科的笔、赵孟頫的字以及钱舜举的画，并称“吴中三绝”。张进中的笔更经人介绍到禁中，为皇帝所重视。以冯、张制笔之精，赵孟頫犹自剖三管合为一笔，其选毫之苛密，确为古今所罕见。

知识链接

在宋代，行书得到了极大的发展。号称“宋四家”的苏东坡、黄庭坚、米芾、蔡襄尤为尚意书风的翘楚。四人之中，苏、黄二人交谊最笃，经常互为题跋，也常以文字游戏相讥诮为乐，比如，黄称苏书为“墨猪”，苏谓黄书为“死蛇”。

四、清代书坛盛行羊毫

清代梁同书在《频罗庵论书》中说：“书家燥锋曰渴笔，画家双管有枯笔，二字判然不同。渴则不润，枯则死矣。人人喜用硬毫，故枯。若羊毫，便不然。”

清代在书法史上最值得大书特书的，是碑派书法的兴起。碑派书家取法汉魏摩崖、碑志的斑驳与刀笔，开拓出极富金石趣味的新书风，在用笔和结构上都与“二王”以来陈陈相因的旧法迥然不同。自清代乾嘉之后，碑派书法与传统书派分庭抗礼，势头和影响甚至超过前者。

有趣的是，在两派各有争议、互不相让的情况下，却又有意见十分一致的地方，那就是两派都喜欢使用羊毫。上引梁同书的书论便认为羊毫可以避免硬毫的“枯渴之病”，因而提出选笔条件是“笔要软，软则遒；笔头要长，长则灵”。著名的帖派书家张照、王文治等人写小字也都是用最软的“乳羊毫”，而且写出来的字都别有风致，丰腴媚好。当时，他们都是在滑面纸上写字，所用纸张包括金笺、粉笺、蜡笺以及各种胶矾制过的纸绢。这类滑纸绝不吸收墨汁，所以无论如何柔软的笔毫，在其上运行转折都非常流畅，由此可见，羊毫的普及与文房用具的普遍特点有很大的关系。

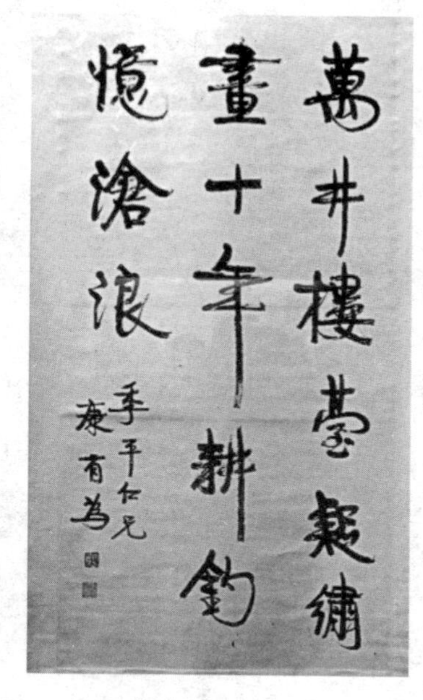

康有为书法

碑派书家如邓石如专用羊毫，所书篆隶皆神完意足，气格高古；伊秉绶用羊毫写行草汉隶，圆挺劲健，竟似硬毫所书；何绍基回腕写羊毫，笔花斑斓，奇趣横生。此外，著有《艺舟双楫》的崇碑抑帖的包世臣，以及力尊北碑、著有《广艺舟双楫》康有为，都专用羊毫。由于两人论书文章风行海内，影响所及，后来写碑的大多受其影响而使用羊毫。

专家认为，羊毫在清代书坛盛行的原因，与这一时期羊毫制法的改良以及羊毫长短随意、价廉易得有较大的关系。清代的书法思想是重视圆润含蓄，不露才扬己，羊毫的柔腴正可满足此一需要。因此，羊毫弥合了碑、帖两派的分歧，成为清代书家普遍使用的书写工具。

第十章　与毛笔相关的用具

在毛笔的使用、保存中，用以配合的器具甚多，有专门用来放置毛笔用的，如笔筒、笔架、笔山等；有用来收藏或携带毛笔的，如笔盒、笔帘、笔床、笔套等；还有用来保养毛笔的笔插，写字时协助执笔的腕枕，清洗毛笔的笔洗，稀释笔锋墨色的水盂、水滴等。

下面对与毛笔有关的文房用具略作介绍。

一、笔筒

笔筒是放置毛笔的筒状器具，一般是用竹子或木材制成，也有用陶瓷、金属、玻璃、塑料等材料制成的。需要注意的是将刚洗过的毛笔放在笔筒里时，因水会顺着笔杆的方向逆流，容易把水分积留在笔头的根部，时间一久，笔毛由于根部常处于湿潮状态，很容易腐坏、发霉，甚至笔毛断落，极大地缩短了毛笔的使用寿命。所以，毛笔一般是待干燥之后再插进笔筒为佳。

笔筒

单从实用角度看，简单地截断一段竹筒，便可以做成笔筒了，但明清时期的文人讲究文房的精雅品位，往往请人在竹筒上雕刻人物、山水、花鸟等图案，或者用玉石、象牙精雕细琢，或以陶瓷塑制各种造型、彩绘图案，十分精致。随着收藏热的兴起，古代文人特别是一些名人使用过的笔筒，已经成为收藏杂项中的一类。

二、笔架

笔架是放毛笔的架子。笔架大体有两种样式。一种是将毛笔平放的笔架，笔架呈凹形，放在桌面上，使用时将笔杆搁在上端，笔头在前，不玷污桌面。其造型甚多，制成的材料有陶瓷、金属、红木螺钿等多种。另一种是挂吊毛笔的笔架，毛笔洗净后大都用这种笔架挂起来，笔杆的上端挂在钩上，笔头朝下，水分自然顺着笔尖流下，较易晾干，毛笔干净则易保存。这种笔架也称为“笔挂”或“吊笔架”。

笔架

三、笔山

笔山是笔架的一种，一般用来搁放毛笔。当写字时的笔头蘸了墨汁而需要暂时停笔时，把笔搁在笔山上，就避免了笔头玷污到桌面。因其造型如“山”字，故有此称。笔山一般可放置一两支或多支毛笔，其结构千变万化，是文人的珍玩。

四、笔盒

笔盒是专门存放毛笔的盒子，大多用木材制成，大小不一，便于携带，也有用于装饰或包装的笔盒，以锦绫绸绢之类裱糊在用木板或纸板做成的盒子的表面，较为美观。

五、笔帘

笔帘又称作笔卷。把毛笔洗干净后，将笔头理好、顺直后，用笔帘卷包起来，便于携带，也便于保存毛笔，防止笔头受损，又可使笔头自然阴干。笔帘大多是用竹子制成的。

六、笔床

笔床是指放笔的器具，其形如床，故有此称。一般是用竹或木料制作，也有瓷制的笔床。

七、笔套

笔套又称笔帽，一般中小楷毛笔都有笔套，旧时笔套的材料与笔杆相同，毛笔在未使用之前，通常是用笔套保护，以避免笔头受损。现在的笔套已不限于与笔杆材料一致，有简易的用塑料制成的笔套，也有比较讲究的以铜或其他材料制成的笔套，式样繁多。

八、笔插

笔插是用来插置写字或绘画后的毛笔的器具，既可省去经常清洗毛笔的麻烦，又可不伤笔毫，最受常用毛笔者欢迎。其材质以铜制品为主，也有用陶瓷制成的。

九、腕枕

腕枕又称臂搁，写毛笔字时把腕枕垫在肘下，以免直接与纸面接触弄脏衣服、手臂，更可以避免损坏作品。

十、笔洗

笔洗是用于洗笔的容器，其形状的大小随使用的情形而定。一般盛水的器具皆可用作笔洗。古代文人讲究笔洗的品位，将笔洗视为珍玩，除常用的陶制笔洗外，还有玉石精雕的笔洗。另外，还有一种多格式的笔洗，可将毛笔逐次洗净。

第十一章 老字号笔庄

一、上海老周虎臣

上海老周虎臣笔厂擅长制作狼毫毛笔，原料选用东北一级黄鼠狼尾毛和淮兔毛混合制作。采取蒸、煮等科学的热处理方法，经过梳、结、择、修、装、刻等70余道工序，按传统工艺精制而成。锋颖莹润透明，犹如脂玉光泽。笔端具“尖、齐、圆、键”四德，使用经久而不变形，很适宜记账、书信及仿宋体、行书、蝇头小楷之用。在制作过程中，老周臣吸收了湖笔工艺的特点，因此素有“湖州名笔”之称。

上海老周虎臣毛笔以“虎”牌为注册商标，其代表产品有“湘江一品”“乌龙水”“九重春色醉仙桃”“臣心如水”“大京水”，当年号称为“五虎将”，畅销国内外，声誉极高。1935年，上海老周虎臣毛笔获中华总商会全国展览会优等奖。老周虎臣笔庄制作的“大长锋熊毫卷鬃笔”，已被上海博物馆作为珍品收藏。

在上海老周虎臣笔厂的历史上，曾为众多名人特制过毛笔，如吴湖帆的“梅景书屋画笔”、沈尹默的“尹默选颖”、李可染的“师牛堂”笔、任政的“兰斋选颖”、张大千定制的“大千选用画笔”，现在已经留在了上海老周虎臣的看家品种之中。

二、北京戴月轩

戴月轩笔店坐落于北京宣武区琉璃厂文化街东侧，始建于1916年。其创始人戴斌，字月轩，出生于浙江湖州善琏，自幼学习、掌握了湖笔的制作技术，技艺超群，年轻时到北京贺连青笔庄制作毛笔，后自立门户，建立了戴月轩笔庄，经营湖笔。戴月轩是至今琉璃厂文化街唯一以人名为店名的老字号。

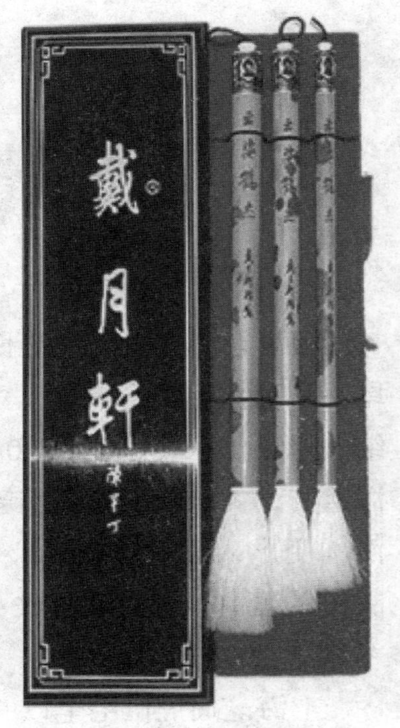

戴月轩笔者

戴月轩有自己制胜的法宝。他们不仅保持着传统湖笔“尖、齐、圆、健”的四大特色，还在笔杆上下功夫，镶嵌上牛角等高级材料，刻上各种优美的字体，使湖笔显得古雅、秀美，既是书写工具，同时也是一件艺术品。

三、湖州王一品斋

王一品斋笔庄始创于清乾隆六年（1741年），是中国最早的一家生产和经营湖笔的专业笔庄。据记载，清乾隆年间，湖州城里有一位姓王的老笔工，每逢朝廷大考之年，他总要携带一批精制毛笔随着考生们上京城，到考场或书生寓舍兜售。1741年，一位考生买了他一支羊毫笔，书写得心应手，挥洒自如，考中头名状元。这个消息很快传遍了整个京城，后来人们都把他卖的笔叫作“一品笔”，称他为“王一品”，王一品的毛笔因此而名扬四海。笔工在房顶上塑造一尊“天官铜像”以为标志，一直延续至今，现在所用商标即为“天官牌”。

王一品斋笔庄从选料到制作，按传统手工经近百道工序精制而成，具有“尖、齐、圆、健”四大美德之称，素有“湖颖之技甲天下”之美誉，曾获商业部、轻工部、国家对外经贸部荣誉证书、亚太国际贸易博览会金奖、中国企业最佳形象AAA级标牌和证书，“天官牌”被评为浙江省及湖州市著名商标。

四、项城汝阳刘毛笔

汝阳刘毛笔历史悠久，由秦朝大将蒙恬所创，后经其帐下文书、亲密随从、汝阳刘先人刘寅传承下来。自秦代开始，汝阳刘毛笔传入皇宫，成为宫廷御笔。东晋大书法家王羲之用过汝阳刘毛笔之后，连声称赞“妙笔”。因此，汝阳刘村被世人誉为“妙笔之乡”，也是中国毛笔的发祥地之一。

汝阳刘人以制笔为生，家家户户制笔，出现了许多制笔世家，创业足迹遍及全国各地。清末、民国时期，汝阳刘制笔人在各省开设笔庄，较为著名的有步青斋、文林堂、一言堂、天孙斋、太和堂、文亚斋等，汝阳刘毛笔在全国各地得到推广普及，素有“北有汝阳刘，南有湖笔”之美誉。

经过一代又一代汝阳刘人的探索和继承，汝阳刘毛笔创造了一套独特的制笔工艺。汝阳刘毛笔由128道工序精制而成，具有“尖、圆、齐、健”四大特点，被历代文人墨客视为文房上等佳品。汝阳刘的传统制笔工艺，是历经2000多年历史凝聚而成的具有显性物质形式的非物质文化遗产，其独创的制笔工艺是其他毛笔无法比拟的，如今汝阳刘毛笔传统文化已入选“河南省非物质文化遗产”。

五、文德堂

安徽省临泉县的文德堂毛笔，得清代制笔大师李万中真传，当代制笔名家曹如章在继承传统的基础上，又博采众长，改进创新，使文德堂毛笔选料更加广泛，工艺更加考究精湛。由文德堂制笔技师赵斌首创的“八柱擎天”毛笔（可一分为八，一笔多用）、“双杆长锋”笔，以及以狼毫、山羊毫、山兔毫、石獾毫等为材料的毛笔达百余种，独具特色。赵朴初、吴作人、韩美林、范曾、启功、沈鹏、高占祥、舒乙等当代著名画家、文人曾给予高度评价。

1985 年，文德堂毛笔在全国乡企产品展销会上获得一等奖，受到了人们的喜爱。

六、孔子故里扶兴和笔庄

曲阜扶兴和笔庄原系湖南扶兴和笔庄，由龚存礼在清光绪年间创立，历经长松、宝玉、守德三世，至今为第五代，已有 100 多年的历史。民国时期曾长期为孔府做“贡笔”，是孔子故里远近闻名的一家笔庄。

近百年来，笔庄在继承和发扬祖传技艺的基础上，对近百道工序都制定了极其严格的标准，形成了选料精（以两为单位，精选上等毛料）、做工细（百道工序，层层把关）、质量优（保证“尖、圆、齐、健”）、信誉好（出现问题，保修保换）的特点，受到各界书法绘画爱好者的广泛赞誉。著名学者、书画家沈鹏、刘艺、匡亚明、蒋维崧、尉天池、麦华三、范曾、陆俨少、王伯敏、孔德懋、王传贺等都曾为笔庄题词。

在保持“书成换白鹅”“文光射斗”“横扫千军”等家传品种的同时，笔庄又根据客户的需要增制“奎文阁”“梦笔生花”“晋唐小楷”“神品玉龙”“玉虹楼”“狼毫瘦金”“山马”等 32 个新品种。随着曲阜旅游业日益兴旺，笔庄特别设计了“孔子像号”精品系列（9 种）和“圣府贡笔”系列（12 种）。笔庄还精做胎发笔，为小宝宝们留下人生第一份珍贵纪念。

下编

宣纸

第一章　什么是宣纸

第一节　世界上寿命最长的纸

现代机制纸，如铜版纸、胶版纸、凸版纸、书写纸、道林纸、新闻纸、包装纸等的寿命都不长，最长的也不超200年。欧洲工业革命后出版的大部分图书报刊，即使放在书架上不动不看，经过几十年、上百年，大多都会一碰就碎。前些年，美国国会图书馆曾倡议抢救“百岁老书”的活动，可见，在美国，寿命达到100年的图书就已经面临能否安全存续下去的风险。

那么，是否世界上的所有图书都存在因纸张的寿命而影响到它们存世的问题呢？答案是否定的。众所周知，中国古代典籍众多，可谓浩如烟海，它们能保存到今天，得力于用来抄写、印制图书的主要介质——宣纸的功劳。宣纸在世界上称得上独树一帜，其寿命之长，为其他纸张所难以企及。

在北京故宫博物院的历代名画中，珍藏有一幅唐代著名画家韩滉

韩滉《五牛图》

（723—787年）的《五牛图》，距今已有1200多年的历史，原画的面貌仍然很清晰。而它所用的纸张，就是宣纸。这绝不是偶然的例子，宣纸向来被誉为“纸寿千年”“纸中之王”，可以说，中国传统文化在相当大的意义上就是依赖宣纸而传承到今天的。

中国在古代是一个非常重文的国家，但是古时一篇文章写得好，人们往往用“洛阳纸贵”来称赞，并不叫洛阳“文”贵；一本书写得好，被称作“一纸风行”，而不说是“一书风行”，可见纸在中国古代被重视的程度。

当然，“洛阳纸贵”是说古代宣纸的贵重和难得。唐代大书法家怀素无钱购得足够的纸张写字，便在自己出家的寺庙里遍种芭蕉，将阔大的蕉叶砍下来在上面写字。他还将一块木盘用漆漆过，用笔在上面练字，以至于天长日久，漆盘竟被写穿了。清代文学家蒲松龄著成《聊斋志异》后，因穷困无法刻印，压在箱底多年。直到乾隆三十二年（1767年），由歙县人鲍延博出资购买宣纸，这部旷世奇书才得以印行并流传下来。另一部经典《红楼梦》的命运也差不多，最初只有手抄本流传，以至于在流传过程中还出现了几部不完全相同的抄本。乾隆五十六年（1791年），和珅向皇帝报告了民间在流行《石头记》一书的情况，经朝廷批准由徽州人程伟元出资，将曹雪芹写的前八十回和高鹗后续的四十回合在一起，首次用宣纸印刷，使《红楼梦》成为一部完整之作，即流行的“程甲本”。

以上所举，不过是古代文化大观中的个案。根据中国国家图书馆的统计，我国现存的纸质古籍约有3000万册（卷），所采取的形式多为宣纸线装书。

客观地说，中国古代书籍和古代书画、碑帖等文化承载物，能流传到今天，几乎全是宣纸之功。

那么，什么是宣纸呢？《辞海》中说：“中国的一种高级的毛笔书画用纸。原产于唐朝宣州（安徽省泾县一带），故名。”《新唐书·地理志》记载，唐代的安徽泾县出产一种与众不同的好纸，其质地柔韧，洁白平滑，细腻匀整，色泽能长期保持不变，地方官员年年把这种纸作为贡品献给朝廷。因为古时泾县属宣州府，后来人们就把这种质量上佳的纸称为宣纸。直到今天，泾县仍是中国宣纸的主要产地。当然，这只是有关宣纸由来的公认说法之一。

上面说过，宣纸之名是唐代才出现的，那么，西晋的左思以《三都赋》而造成“洛阳纸贵”时，具体是用的什么纸呢？专家考证说，那时抄书抄文是用东汉蔡伦发明的“蔡侯纸”，它是用树皮和烂麻做成的。到东晋又有了藤纸，至隋代产生了楮皮纸。

宣纸，单讲其寿命，就有1050年之久，所以有“纸寿千年”之说。在这个期限内，宣纸的质地不会发生丝毫变化，而且如果只是用来保存的话，它的寿命更是能达到2000年左右。

为什么宣纸的寿命如此之长？以前人们曾有过许多种猜测，从用材、用料、制造工艺，甚至生产地区的地理、水文特点等方面都有不少说法，但莫衷一是。现代科学家通过电子显微镜、酸碱性、微量元素分析等研究手段，终于揭示出其中的秘密。首先，制造宣纸所使用的青檀纤维与通常的木材纤维、竹子纤维不同，它的均整度高，同时纤维圆浑、细胞壁上皱纹分布均匀，皱纹内积留的碳酸钙微粒也有助于其延长寿命。其次，宣纸的加工处理方式温和，使纸内纤维没有受到伤害，而且制作时较少接触金属的器具，故纸中所含金属离子极少，不易引发其他化学变化。最后，纸内的碳酸钙含量有时高达7%—10%，使宣纸呈中性至弱碱性。这样即使在不良的外界条件下，也不会诱发变色基团或者受到空气中酸性分子的破坏。以上这三方面的因素，保证了宣纸的寿命之长。

宣纸的可贵，除了寿命长，还因其有相当好的实用性和高档的美感。古人说它“轻似蝉翼白如雪，抖似细绸不闻声”，宣纸文藻精细，吸水润墨，绵韧而坚，百折不损，抗老化，防蛀蚀。除了印书，它得到的最充分应用还是在传统书画方面，笔墨着宣纸后，焦、浓、枯、淡、湿，五彩缤纷，任书画艺术家手中的笔和墨彩轻重缓急，随意变化。

那么，宣纸是怎么制造的呢？简单地说，宣纸是以榆科多年生木本植物青檀皮为主要原料、掺以沙田稻草生产的一种手工皮纸。宣纸作为一种手工纸，其技术源头可追溯到汉代造纸术的发明，而用蔡伦树皮纤维制造皮纸的技术早在东汉时代便已出现。

第二节　众说纷纭的宣纸源头

宣纸是什么时候问世的，迄今为止，已有多种说法，影响比较大的有如下几种。

一、东汉说

相传东汉发明造纸术的蔡伦有一个名叫孔丹的徒弟，在皖南以造纸为业。蔡伦去世后，孔丹很想亲手造出一种洁白精良的纸来为蔡伦画像。那时候，造纸所用的原料大多是麻类植物，造出的纸不是颜色不白，就是韧性不佳。一天，孔丹在山中散步，突然发现前边小溪中雪白一片，他感到很惊奇，走近一看，原来是路边生长的青檀树枝被雷电击断之后，掉进了山沟的溪水中，时间一长，树皮经过溪水浸泡、太阳暴晒，已经变烂发白了。他捞出一看，树皮纤维一缕缕的，很是结实。孔丹十分兴奋，觉得由此可以找到制造高质量白纸的材料。

此后一段时间，孔丹苦心钻研、反复实验，终于制成了举世闻名的宣纸。

这个传说由来已久，但是当代研究者认为它的可信度比较低，因为从我国造纸技术的发展史来看，东汉还处在造纸的初创时期，那时候，帛、简、纸并存，纸（主要是麻纸）的品质比较粗糙，而且采用树皮造的纸也不多，如果真如传说中那样，孔丹发明了宣纸的造法之后，在东汉起码会有一定数量的宣纸或由它承载的文化品流传下来。而且，在浩如烟海的古籍中，迄今为止尚未发现在东汉结束之前出现“宣纸”这一名称。

二、唐代说

唐代绘画理论家张彦远在《历代名画记》一书中写道：“江东地润无尘，人多精艺。好事家宜置宣纸百幅，用法蜡之，以备摹写。”这是“宣纸”一词最早的记载。不过也有人提出不同看法，认为“宣纸”这两个字仅是孤例，况且那时宣纸质量并不好，需要进一步加工后才好用，所以不能把它与今天的宣纸等同。

事实上，在张彦远之前就已经将宣纸作为贡品了，只是没有明确定名而已。据《旧唐书》所载，唐天宝二年（743 年），陕西太守韦坚向朝廷进贡时，各郡贡品就有“宣城郡船载……纸、笔、黄连等物”的记载。《新唐书 · 地理志》和《唐六典》上记载着“宣州贡纸、笔”等文字，说明该地所产纸、笔在当时已闻名于全国，因唐代的泾县、宣城、宁国、旌德和太平等均属于宣州管辖，而据《宣州府志》所载，宣纸主要集中在泾县一带，由此推断，宣纸之名的产生与当时所管辖的州府息息相关，即与地理位置的关系极其密切。

简单地说，宣纸系宣州（今属安徽泾县）所产贡纸，以地域命名实为唐时伊始，而唐代说也获得了多数人的认同。以此为基础而形成的说法，是宣纸“源于唐代，兴于明代，鼎于清代”。

三、明代说

也有的研究者认为，宣纸的创制应以明代宣德年间出现的“宣德纸”为起点。明代著名书画家文震亨在《长物志》一书中写道：“近吴中洒金纸、松江潭笺，俱不耐久，泾县连四甚佳。”“泾县连四”是四尺单宣的一个品种，这里是说它比其他品种纸的耐久性好。

到底宣纸中的“宣”字是指“宣州”还是“宣德”呢？绝大多数人倾向于前者，因为以地域命名物产，已成惯例。近代学者胡朴安在《宣纸说》一文中也指出：“泾县古属宣州，产纸甲于全国，世谓之宣纸。”

不管宣纸诞生于哪个朝代，到清朝时期宣纸的生产已颇具规模则是不争的事实。清人赵廷挥有一首《感坑》写道：“山里人家底事忙，纷纷运石垒新墙。沿溪纸碓无停息，一片春声撼夕阳。”这里描绘的正是当时泾县小岭十三坑的人家处处建棚造纸、投入宣纸制造的火热景象。

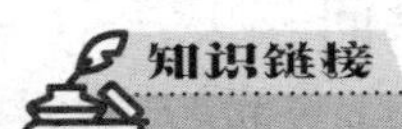

宣纸的历史价值与文化价值

历史价值

宣纸生产最早可追溯到唐代，延续至今已有1000多年的历史。长期以来，宣纸作为一种重要的文化载体，为中华文明乃至世界文明的延续发挥了巨大的作用。宣纸有“纸寿千年”的美誉，众多典籍和文人墨客的书画作品都借助于它而得以传承至今。

文化价值

宣纸具有重要的文化价值，正如郭沫若先生为泾县宣纸厂题词所说：“宣纸是我国劳动人民所发明的艺术创造，中国的书法与绘画离了它便无从表达艺术的妙味。”宣纸自身的特点与中国书画艺术共冶一炉，流芳于世。

第二章　中国纸的发展史

第一节　汉代的纸

一、汉代早期的纸

中国的纸张最早出现于西汉时期。

1957 年，西安灞桥砖瓦厂工地上，推土机从土中推出一个陶罐，罐中有一面铜镜，铜镜下面垫有一团废麻丝。有人把它拿回家去，小心地撕扯、整理成小薄片，然后用两片玻璃夹起来，说这是“西汉墓”出土的纸，并命名为“灞桥纸”。但后来专家向当时在工地上工作的人调查，意外地发现这工地上并没有谁见过有墓葬，更不知此人对并不存在的墓葬是凭什么断代的。自此以后，西北地区又多次发现过所谓的“西汉古纸”。这些古纸经相关专家化验，确系麻纸，是有充分的科学依据的。此后又陆续出现了甘肃天水“放马滩纸”、敦煌“麻纸残页”等。

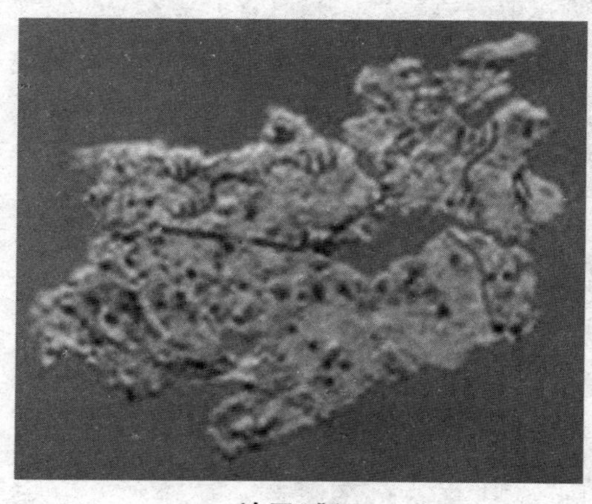
放马滩纸

以出土的西汉时期的灞桥纸为例，经专家检验和归纳，认为这种早期的纸张具有如下特征：

①纸质粗厚（厚 0.14 毫米），表面皱涩；

②表面有较多的纤维束，甚至是未打碎的麻绳头；

③纤维组织松散，交结不紧，分布不匀；

④显微镜下观察纤维帚化度低，细胞未遭强度破坏；

⑤纸张中的纤维交织时透眼多而大；

⑥纸的外观呈淡黄色；

⑦没有文字书写。

上述特征的最后一条“没有文字书写”，并非偶然，而是这种最早的纸实在不便于用来写字。试想，连掺入造纸原料之中的麻绳头都没能彻底打碎，其粗糙程度可想而知。所以，这些出土的纸张，它们原先的用途应该是用来包裹东西的。

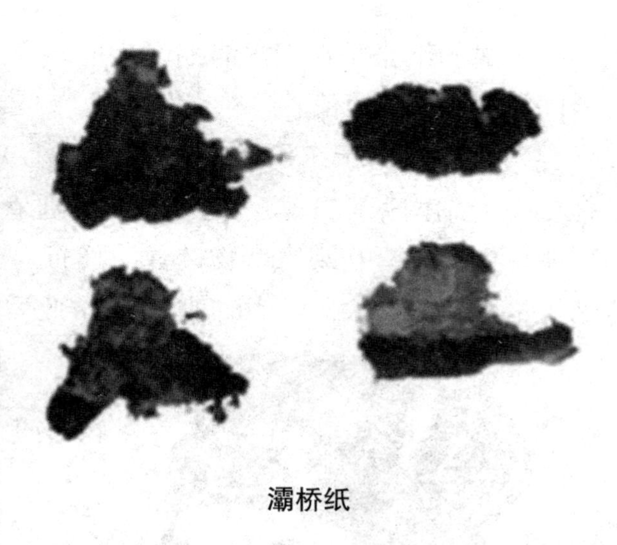

灞桥纸

而早在 1933 年，考古专家就曾在新疆的罗布淖尔发现西汉古纸。灞桥纸发现后，又在甘肃居延汉代烽塞遗址和陕西扶风中颜村发现了西汉纸。甘肃发现的西汉纸上还留有文字笔迹，说明至迟在西汉，人们已用纸来书写文字了。这些西汉古纸中，新疆纸为公元前 49 年之物，中颜纸和甘肃纸为西汉宣帝、哀帝时代所造，均迟于灞桥纸。

但也有人认为：纸的制造过程应当包括“纤维—机械切碎—化学提纯—打浆—纸浆—湿纸—干燥”等程序，其中“打浆”是使纸具有实用性和物理强度的关键，但 1980 年，轻工部造纸所对陕西灞桥纸鉴定后，认为其纤维很长，似乎并未被切断过，而且纤维多为定向排列，纤维壁光滑、完整，没有纤维性颤动的现象，因此认定该纸未经打浆，只能算作“出土纤维片”，不是真正意义上的纸。

二、蔡伦与“蔡侯纸”

西汉时期可以算是中国纸的萌芽阶段，产量不太大，产地不广，质量有待提高，仍不足以代替帛简。严格来说，这还不能算是正式意义上的纸张。

正式的纸张是在东汉时期诞生的。说到造纸术，人们都会在第一时间想到东汉的蔡伦。

蔡伦约出生于东汉永平四年（61 年），卒于建光元年（121 年），桂阳（今湖南耒阳）人。他出身于普通农民家庭，从小随父辈种田，聪明伶俐，很喜欢观察事物，善动脑筋。永平十八年（75 年）蔡伦被选入洛阳宫内当太监，当时他 15 岁。此后，他历任小黄门、中常侍兼尚方令、长乐太仆等职。蔡伦为人敦厚谨慎，关心国家利益，曾“数犯严颜”，匡弼时政。

蔡伦画像

尚方令是少府属官，主管刀剑等各种宫廷御用器具的制造。蔡伦在任尚方令期间，由于职务上的关系，有观察、接触生产实践的条件，每有空闲，他就亲自到作坊进行技术调查。学习和总结工匠们多年积累的丰富经验，再加上他自己的聪颖创新，对发展当时的金属冶炼、铸造及机械制造工艺起到了不小的推动作用。如当时的钢刀制造以炒铁为料，经多次锻打而百炼成钢。当时所制造的器物在质量、性能及外观上确实是精工制造，堪为后世仿效。史书上说他曾“监作秘划及诸器械，莫不精工坚密，为后世法”。

永元四年（92年），任尚方令的蔡伦到乡间作坊察看时，见蚕妇缫丝漂絮后，竹箪上尚留下一层短毛丝絮，揭下似缣帛，可以用来书写，从而得到启发，便收集树皮、废麻、破布、旧渔网等原料，在宫廷作坊施以锉、煮、浸、捣、抄等法，试用植物纤维造纸，终于造出植物纤维纸。元兴元年（105年），他将造纸过程、方法写成奏章，连同造出来的植物纤维纸，呈报汉和帝。汉和帝对此大加赞赏，蔡伦造纸术很快传开。人们把这种纸称为“蔡侯纸”，全国“莫不从用焉”。

有关蔡伦造纸的历史记载，主要有：《后汉书》有关蔡伦造纸的记载主要取自刘珍的《东观汉记》。刘珍和蔡伦是同时代的人，应为可信。王隐在《晋书》中记载：“蔡伦以故布捣锉作纸。”晋人张华在《博物志》中说：“蔡伦煮树皮以造纸。”东汉人桑钦在《水经》中称蔡伦“捣故渔网为纸”。《后汉书集解》引用了《晋书》版本之一，称“蔡伦捣故布、渔网抄作纸”。

但也有资料表明，在蔡伦的同时期，甚至在他正式“发明”造纸术之前，中国就有了写字用纸的记录。《后汉书·邓皇后纪》载，永元十四年（102年）邓后即位，在这以前，“万国贡献竞求珍丽之物，自后即位，悉令禁绝，但供纸墨而已”。《太平御览》卷六〇五引《东观汉记》也说邓后即位后，“万国贡献悉禁绝，惟岁供纸墨而已”。这条记载在年代上早于蔡伦献纸于朝廷的元兴元年（105年），可见东汉早已有了可以写字的纸张。

客观地说，纸张并不能算是蔡伦的独家发明，他是在前人，特别是民间造纸经验的基础上进行了新的提高，并由于他的大力倡导，从而形成汉代的纸张生产的规模。从历史的角度看，蔡伦在造纸方面的贡献，主要体现在3个方面：一是他组织并推广了高级麻纸的生产和精工细作，促进了造纸术的发展。二是促进了皮纸生产在东汉创始并发展兴旺。三是因受命于邓太后监典内廷所藏经传的校订和抄写工作，形成了大规模用纸高潮，使纸本书籍成为传播文化的最有力工具。

蔡伦这一发明，成为中国古代四大发明之一，为人类文明做出了巨大的贡献。美国人麦克·哈特在《影响人类历史进程的100名人排行榜》中，将蔡伦排在第七位，远远排在西方的哥伦布、爱因斯坦、达尔文之前。2007年，美国《时代》周刊评选和公布人类“有史以来最佳发明家”，蔡伦又榜上有名。2008年，在北京奥运会开幕式上，特别展示了蔡伦发明的造纸术。

具体地说，蔡伦是在总结前人经验的基础上，发明了用麻、布和破渔网等造纸的技术，并形成一种推广到天下的生产模式。东汉末年以及后来很长一段时间，造纸工人一直广泛地沿用旧布、破鞋、乱麻、蚕茧、桑根、桑皮、藤、苔、楮、谷、构、竹子、稻草、麦秸等原料造纸，但当时并无名称上的分别。到了唐代，纸以原料不同而得名的有麻纸、棉纸、谷纸、海苔纸、山藤纸等，因产地而得名的有广都纸、蜀

蔡伦墓

纸、越纸、峡纸、剡纸、山纸、宣纸、歙纸等。

在蔡伦之后，东汉末年的造纸术更有提高，出现了纸张精品，“左伯纸”就是其中之一。据唐代张怀瓘《书断》卷一说：“左伯，字子邑，东莱人……亦擅名。汉末又甚能作纸。”汉末赵岐《三辅决录》卷二：“（韦诞）因奏曰：‘夫工欲善其事，必先利其器，用张芝笔、左伯纸及臣墨，兼此三具，又得臣手，然后可逞径丈之势，方寸千言。’”在二三世纪时，“左伯纸”与“张芝笔”“韦诞墨”齐名，为当时的人们，尤其是书法家的爱用之物。

第二节　魏晋时期的纸

一、魏晋造纸地区的南移

汉代虽然已经造纸，但客观上，仍属于竹木简、缣帛和纸张并用的时代，纸并未成为记事工具的主流。然而到了魏晋六朝，随着造纸原料的进一步开发，纸的质量、产量和制作技术与工具也在不断改良，使纸张在文化和日常生活上的应用渐渐变得重要，所以，两晋六朝是纸张时代的开始。

在汉代，人们在书写记事上是缣帛和简牍并用，纸作为新型材料刚刚兴起，一是尚未流行，二是其质量、功能还不足以完全取代帛简。到了晋代，情况便大不相同，这时已造出大量洁白平滑而又方正的纸，人们就不再使用昂贵的缣帛和笨重的简牍来书写了，而是逐步习惯于用纸，以至于最后纸已成为占支配地位的书写材料，彻底淘汰了简牍。

到东晋末年，有的统治者甚至明令规定用纸作为正式书写材料，凡朝廷奏议不得用简牍，而一律以纸代之。如东晋的豪族桓玄（369—404 年）掌握朝廷大权后，在他临死的那一年（404 年）废晋安帝，改国号为楚，随即下令停用简牍而代之以黄纸：“古无纸，故用简，非主于敬也。今诸用简者，皆以黄纸代之。”近现代出土的地下文物也表明，西晋时还是简、纸并用，东晋以降，便不再出现简牍文书，而几乎全是用纸。

这个时期南北各地，包括一些少数民族地区，都建立了官私纸坊，就地取材造纸。北方以洛阳、长安、山西及河北、山东等地为中心，主要产麻纸、楮皮纸、桑皮纸。山东早在汉末就产名纸，东莱人左伯在曹魏时还在世，“左伯纸”极有影响。长安、洛阳则是在两汉的基础上继续发展成为造纸中心的。

魏晋六朝一方面继续使用麻质纤维造纸，另一方面则开始开拓新的造纸原料，用木本韧皮纤维，即楮树皮、桑树皮、青藤皮造纸。楮皮造纸尤盛于南方，南方人称楮皮纸为谷皮纸，北方甚至有专为造纸而有意识地种植楮树的农户。

楮树

4 世纪，晋元帝司马睿建都南京，政治文化中心的南移使得造纸业也由北方转向南方。造纸业因有了丰富便利的原材料供给，在长江流域迅速发展起来。当时的浙江、安徽、江西、福建等地都相继开办了纸厂。充足的原辅材料促成了造纸术的迅速传播，继而各种材料的纸张也应运而生。根据史料记载，东晋时产生了藤纸，隋代又大批量制造了楮皮纸，唐代时则出现了宣纸。

从遗存的古纸中皮纸所占的比重方面看，整个汉魏两晋南北朝时期的皮纸生产还没有得到长足发展。到了隋唐盛世，中国的科学技术和文化艺术全面繁荣，纸张的消费量猛增，而原来一直占绝对统治地位的麻纸出于原料短缺和对纸张要求更高等原因而渐趋萎缩，皮纸生产迅速崛起。隋唐皮纸的主要原料有楮皮、桑皮和藤皮三种。浙江嵊县剡溪等地的藤皮纸曾名著一时，但很快便因野生藤资源的过速消耗而骤然滑坡，几乎销声匿迹。桑皮纸和楮皮纸生产则一直延续不断，其中楮皮纸最为普遍，全国各地都有生产。

总的来说，晋代的纸比汉代的纸在质量上有了大幅度提高。汉纸多粗厚，帘纹不显，晋朝和南北朝的纸都比汉纸薄，而且有明显的帘纹。这是因为，晋及南北朝时是用类似现今土法抄纸所用可拆合的帘床纸模抄造。这种抄纸设备的优越性在于能抄出紧薄而匀细的纸面，减少生产工时，提高劳动生产率，降低设备投资。这种设备起源于何时，只能从出土古纸来判断，迄今最早有帘纹的纸属于西晋，应是在两汉抄纸技术的基础上发展起来的。

桑皮纸

南宋赵希鹄《洞天清录集·古翰墨真迹辨》中谈到南北纸时说：“北纸用横帘造，纸纹必横。又其质松而厚，谓之侧理纸……南纸用竖帘，纹必竖。”明朝人曹

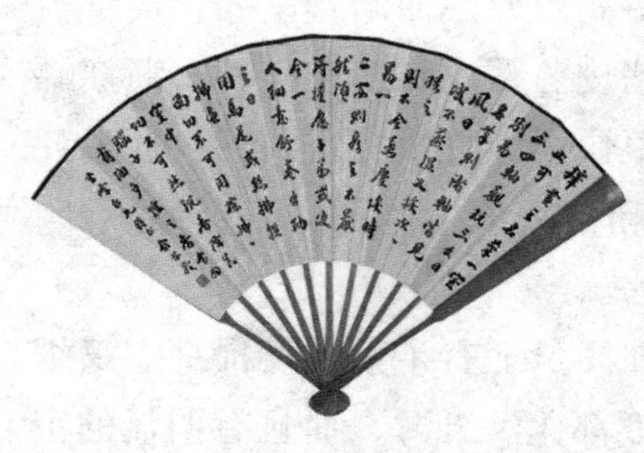

赵希鹄作品

昭《格古要论》、屠隆《考槃馀事》、文震亨《长物志》以及清朝的许多著作都沿用此说作为鉴别古纸的依据。

帘纹分为帘条纹和编织纹两种。潘吉星在《中国造纸技术史稿》中写道:“从古纸帘纹的实测中，能分辨出纸帘是用什么材料编制的。根据笔者对大量古纸帘纹的实测数据分析，在每1厘米内有9根以上帘条纹的，是用细竹条编制的纸帘子（每1厘米内有9—15根）；每1厘米内有5—7根（大部分是5根，即每根粗2毫米）帘纹的，是用芨芨草或萱草茎编制的纸帘子。后一种粗纹纸，多是在我国北方无竹地区抄造的。前一种纸多产于中原地区。因此笔者认为，帘条纹的粗细，倒是辨别南北纸的重要方法之一。”这一论断否定了上面提到的赵希鹄等将帘纹的横竖作为鉴别南北纸的技术依据，而提出了条纹的粗细是辨别南北纸的重要依据。

二、魏晋时期纸的加工技艺

魏晋南北朝时期纸的加工技术有了较大发展，比较重要的加工技术之一是表面涂布。所谓表面涂布，就是将白色矿物细粉用胶黏剂或淀粉糊刷在纸面上，再予以砑光。这样，既可增加纸的白度、平滑度，又可减少透光度，使纸面紧密，吸墨性好。这种技术在欧洲的首次使用，是1764年卡明斯在英国提出的，将铅白、石膏、石灰及水混合，涂刷在纸上。而我国的涂布技术要比欧洲早1400多年，常用的白色矿物粉原料有白垩、石膏、滑石粉、石灰或瓷土等。涂布方法是先将白粉碾细，制成在水中的悬浮液，再将淀粉与水共煮，使与白粉悬浮液混合，用排笔涂施于纸上，因为纸上有刷痕，所以干燥后要经研光。这类纸在显微镜下观察，纤维被矿粉晶粒遮盖的现象清楚可见。

对纸张加工的另一技艺是染色。纸经过染色后，除增添外表美观外，往往还有实用效果，改善纸的性能。纸的染色在汉代就已出现，当时叫作“染潢”。魏晋南北朝以后，继承了这种染潢技术并继续流传下来。

晋时染潢有两种方式，或者是先写后潢，或者是先潢后写。关于染潢所用的染料，古书中也有明确记载。东汉炼丹家魏伯阳在《周易参同契》中有“若蘖染为黄兮，似蓝成绿组”的说法，蘖就是黄蘖。东晋炼丹家葛洪（284—363 年）在《抱朴子》中也提到了黄蘖染纸。黄蘖又称黄柏，是一种芸香科落叶乔木，其干皮呈黄色，味苦，气微香。我国最常用的是关黄柏和川黄柏。关于染纸技术，这时期也有专门记载。后魏贾思勰《齐民要术》有专篇叙述染潢法。其中说：“凡潢纸，灭白便是，不宜太深，深则年久色暗也……（黄）檗熟后，漉滓捣而煮之，布囊压讫，复捣煮之。凡三捣三煮，添和纯汁者，其省四倍，又弥明净。写书经夏然后入潢，缝不绽解。其新写者，须以熨斗缝之，熨而潢之，不尔，入则零落矣。”

黄纸不仅为士人写字著书所用，也用于官府书写文书，以及民间宗教用纸，尤其是佛经、道经写本用纸，不少都经染潢。现在在各博物馆和图书馆收藏的魏晋南北朝写经纸中，有不少是黄纸。这种风气到隋唐时尤其盛行。

魏晋南北朝时期，人们为什么喜欢用黄纸呢？

一是因为黄柏中含有生物碱，主要是小柏碱、少量的棕榈碱、黄柏酮、黄柏内脂等。小柏碱味苦，色黄。棕榈碱也呈黄色，味苦，可

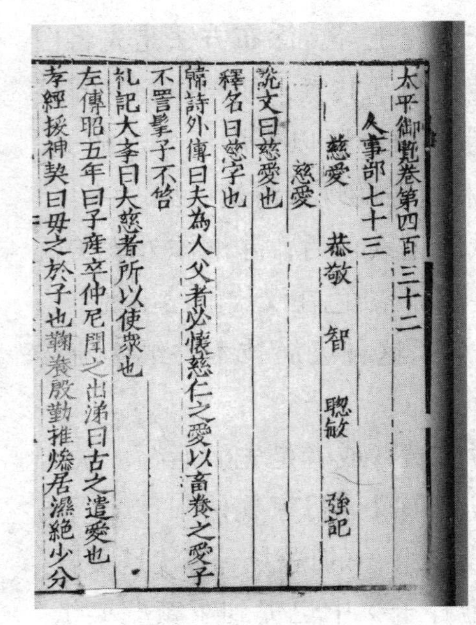

太平御覽卷第四百三十二

人事部七十三

慈愛 恭敬 智 聰敏 强記

慈愛

說文曰慈愛也

釋名曰慈字也

韓詩外傳曰夫為人父者必懷慈仁之愛以畜養之愛子不詈孝子不笞

禮記大孝曰大慈者所以使衆也

左傳昭五年曰子產卒仲尼聞之出涕曰古之遺愛也

孝經援神契曰母之於子也鞠養殷勤推燥居濕絕少分

太平御览

溶于水。这种生物碱既是染料，又是杀虫防蛀剂，既可延长纸的寿命，同时还有一种清香气味。

二是按照古代的五行说，五行中的土对应五方中的中央和五色中的黄，黄是五色中的正色。故古时凡神圣、庄重的物品常饰以黄色，重要典籍、文书也取黄色。

三是黄色不刺眼，可长期阅读而不伤眼；如有笔误，可用雌黄涂后再写，便于校勘。这种情况在敦煌石室写经中确有实物可证。

魏晋南北朝时期，除黄纸外，还生产了其他各种色纸。除青、赤原色外，还有缥、绿、桃花等间色纸。

三、“书圣”王羲之

中国书法发展到两晋南北朝，各种书体已趋于完备。至隋统一南北后，文化交流的隔墙被推倒，书风亦有南北融合之势。书法主要讲究用笔、点画撇钩的结构及布局的方法。字体有篆、隶、行、真、草等，两汉书法主要是隶书，北魏最有名的是魏碑。魏晋以后产生了很多不同的书体，大书法家辈出，有钟繇、卫瓘、张芝、王羲之、王献之等。

王羲之

如果说到晋代文化的代表，“书圣”

王羲之为首屈一指者。

《兰亭集序》局部

王羲之兼善隶、草、楷、行各体，精研体势，心摹手追，广采众长，备精诸体，冶于一炉，摆脱了汉魏书风，自成一家，影响深远。他的代表作品有：楷书《黄庭经》《乐毅论》、草书《十七帖》、行书《姨母帖》、《快雪时晴帖》、《丧乱帖》、《兰亭集序》、《初月帖》等。其中，《兰亭集序》为历代书法家所敬仰，被誉为“天下第一行书”。其书法平和自然，笔势委婉含蓄，遒美健秀，世人常用曹植《洛神赋》中的句子“翩若惊鸿，婉若游龙，荣曜秋菊，华茂春松。仿佛兮若轻云之蔽月，飘飖兮若流风之回雪”来赞美王羲之的书法之美。

很显然，“书圣”在晋代诞生，除了王羲之个人的努力与过人的悟性，以及顺应汉字书法在那一时代的发展步伐之外，造纸质量的大幅度提高也功不可没。假设这一时期仍停留在“灞桥纸”的发展层面的话，连在纸片上流利运笔都不可得，也不会出现“书圣”大家了吧。

第三节　隋唐时期的纸

一、隋唐时期纸的发展

隋唐五代时期，中国的造纸业又有了长足发展。所用的造纸原料，除家麻和野麻外，从晋朝以来兴起的藤纸的发展到此时也达到了全盛时期，产地不再限于浙江。《唐六典》注和《翰林志》均载有唐代朝廷、官府文书用青、白、黄色藤纸，各有各的用途。陆羽《茶经》提到用藤纸包茶。《全唐诗》卷十收有顾况的《剡纸歌》，描写浙江剡溪的藤纸时说："剡溪剡纸生剡藤，喷水捣后为蕉叶。欲写金人金口经，寄与山阴山里僧。"《全唐文》卷七二七收有舒元舆《悲剡溪古藤文》，作者慨叹因造纸规模扩大而将古藤斫尽，影响其生长，也因此影响藤纸生产的可持续性发展。藤的生长期比麻、竹、楮要长，资源有限，因此，藤纸从唐以后走向下坡路在所难免。

从历史文献上看，桑皮纸、楮皮纸虽然历史悠久，但唐以前的实物今日能见到的并不多，隋唐以后传世的皮纸渐渐多了起来。敦煌石室中的隋开皇二十年写本《波罗蜜经》是楮皮纸，隋末的《妙法莲华经》是桑皮纸，开元六年的《无上秘要》、唐代的《波罗蜜多经》也是皮纸。此外，传世的唐初冯承摹神龙本《兰亭序》也是皮纸。关于用楮皮纸写经，在唐代京兆崇福寺僧人法藏《华严经传纪》卷五中也有记载。

除了楮皮纸外，唐代还有一种有名的皮纸，叫作香树皮纸。据《新唐书》记载，罗州（今广东廉江县北）多栽香树，身如柜柳，其皮捣后可以造为纸。唐代刘恂《岭表录异》："罗州多栈香树，身似柳，其花白而繁，其叶如橘，皮，堪作纸，名为香皮纸。灰白色有纹，如鱼子笺，其纸慢而弱，沾水即烂，远不及楮皮者。"可见，广东罗州产的栈香树或笺香树皮纸在唐代是闻名于世的。

唐代对于造纸所用原料的范围，较此前更加扩大，比如，明代宋应星《天工开物·杀青》篇提到以木芙蓉的纤维造纸"四川薛涛笺，亦芙蓉皮为料煮糜，入芙蓉花末汁。或当时薛涛所指，遂留名至今。其美在色，不在质料也"。这里说的就是用木芙蓉韧皮纤维造纸。当代专家曾做实验，显示木芙蓉韧皮的纤维素达59.75%。

像魏晋南北朝一样，为了降低生产成本或改善纸的性能，隋唐五代时期也有人尝试用各种原料混合造纸。新疆出土的唐大历三年至贞元三年的一种有年款的文书纸，经专家化验发现其中有用麻料、桑皮和月桂树等纤维混合抄造的。新疆阿斯塔那出土的唐麟德二年《卜老师借钱契》用纸，也是用麻纤维和树皮纤维混合抄造的。

唐代皮纸以其优良的品质博得很多文人的青睐。唐代散文名家韩愈在《毛颖传》中写道“颖与会稽楮先生友善”，这里，他称毛笔为“毛颖”，戏称楮皮纸为“楮先生”。后人沿袭此说，进一步以“楮”作为纸的代称，于是出现了“楮墨”“片楮”之类的说法。

通典

唐代，楮皮纸已取代麻纸而成为“国纸”，全国皮纸产地见于史籍者，有江、浙、皖、赣、鄂、豫、晋、冀、川、广、陕、晋、鲁及新疆、西藏等15个省区。李吉甫《元和郡县图志》卷二十六、欧阳修《新唐书·地理志》和杜佑《通典》记载有贡纸的11个州当中，就包括了皖南的宣、歙、池三州，这说明皖南在唐代即已成为皮纸的重要产地之一。

在唐代，宣州已大批制造宣纸。见诸史籍的最早制造宣纸的当推宣州僧人，据宋朝周密《澄怀录》记载，唐高宗永徽年间（650—655年），宣州僧人欲写《华严经》，便先以沉香渍水种楮树，取以造纸。明朝胡侍《珍珠船》也记载，唐高宗永徽年间，宣州僧人修生奉旨用楮皮造宣纸，以抄写《华严经》。楮树类似檀树，树皮也用于造纸，古人常把楮树与檀树混为一谈，宣州独长檀树，造纸均以檀皮为主要原料。唐朝张彦远《历代名画记》记载亦可佐证，当时“好事家宜置宣纸百幅，用法蜡之，以备摹写”。宣纸还被列为宣州郡“岁贡上用”的贡品。

唐代还开始以竹作为造纸的原料。虽然有关用竹造纸的文字记载所指称的年代早于唐代，如南宋赵希鹄《洞天清录·古翰真迹辨》中说：“若二王真迹，多是会稽竖纹竹纸。盖（东晋）南渡后，难得北纸，又右军父子多在会稽，故也。”以致很多人认为晋朝已有竹纸，还有人把旧题西晋嵇含《南方草木状》中的“竹疏布”引申为竹纸，作为晋朝有竹纸的证据，但唐代以前关于竹纸的文献记载迄今没有发现，更不见有实物遗存。有文献及实物支持的理论是竹纸始于唐代。9 世纪李肇《唐国史补》卷下云：“纸则有越之剡藤苔笺，蜀之麻面……韶之竹笺蒲之白蒲、重抄，临川之滑薄。”韶即韶州，今广东韶关一带自古盛产竹，在明清时还以竹纸闻名。唐人殷公路《北户杂录》在谈到广东罗州沉香皮纸时，也顺便提到此纸“不及桑根、竹膜纸”。10 世纪的崔龟图对这一句加注解“陆州出之”，陆州为隋时建置，在今浙江淳安县西。唐时移治今建德县，宋废。今浙江仍产竹纸。由此看来，9—10 世纪时，竹纸已在广东、浙江初露头角；到宋代以后才大显身手，大有后来居上之势。

二、纸张推动唐代书法水平的空前提高

隋唐时期，书法在继承南北朝遗风上，进入了一个前所未有的艺术高峰，隶、篆、真、行、草诸体均有重大成就，并深刻影响到后世。这一时期，一批书法名家在前人的基础上发扬提高，开拓了书法的新领域，而且广大的知识阶层甚至是社会底层的人也都能以书法见长。书法艺术在此时得到了空前的发展。

在“文房四宝”中，纸张的质量与书法的发展紧密相关。唐代书法家对纸张的重要性已经有了清醒的认识。唐代书法家、书法理论家孙过庭的《书谱》从书法史的角度展开论述，内容涉及各种书体的演变及其特征、书家的情感个性与书法的关系等方面，在他阐述书法家创作过程的“五合”和“五乖”时，就明确指出了好纸在书法创作中的重要。“五合”指神怡务闲、感惠徇知、时和气润、纸墨相发、偶然欲书，“五乖”指心遽体留、忘违势屈、风燥日炎、纸墨不称、情怠手阑，这里所说的“纸墨相发”与“纸墨不称”便是好纸与劣纸对书法创作的确实存在的影响。

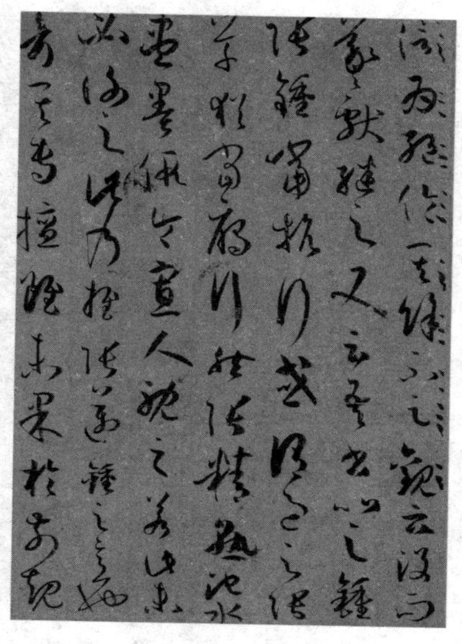

孙过庭《书谱》

三、南唐后主李煜与“澄心堂纸”

南唐后主李煜特别喜爱宣纸，不惜重金选调国内造纸高手，集中在京都开设纸坊，并把自己的书房“澄心堂殿”腾出来造纸。他每天都到澄心堂观看造纸的操作过程，有时干脆脱掉皇袍，系上纸工穿的围裙，同工人一起捞纸、焙纸，每制成一批宣纸，他都亲自试写，反复琢磨，调整用料比例和工序设计，直到生产出来的纸张质量令他满意为止。

在李煜的参与下，经过几年时间，造纸匠人终于造出“肤如卵膜，坚洁如玉，细薄光润，冠于一时”的好纸，李煜命名为“澄心堂纸”，并称赞其为“纸中之王”。这是宣纸中的珍品，一律由皇宫保管，供李煜一人使用。

澄心堂纸

澄心堂纸在中国文化史上享有盛名，北宋文人刘敞在诗中写道："当时百金售一幅，澄心堂中千万轴"，"李主用以藏秘府，外人取次不得窥"。南唐亡后，澄心堂纸散入北宋一些书画家手中，被他们视为珍宝，更令澄心堂纸遐迩闻名。明朝屠隆《纸墨笔砚笺·纸笺》载："宋纸，有澄心堂极佳，宋诸名公写字及李伯时画多用澄心堂纸。"宋代大画家李伯时，曾用澄心堂纸画了一幅《五马图》，流芳百世。宋代著名文学家欧阳修、苏轼等人得到澄心堂纸"如得天球拱璧"，欣喜若狂，颂赞备至，留下"江南李氏有国日，百金不许市一枚"和"精皮玉版白如云，纸寿千年举世珍，朝夕临池成好友，晕漫点染总迷人"的名句。欧阳修曾经用这种纸起草《新唐书》和《新五代史》，并送了若干张给大诗人梅尧臣。梅尧臣收到这种"滑如春冰密如茧"的名纸，高兴得"把玩惊喜心徘徊"。还为之作诗《潘歙州寄纸三百番石砚一枚》："澄心纸出新安郡，腊月敲冰滑有余。潘侯不独能致纸，罗纹细砚镌龙尾。"澄心堂纸在唐、宋时期名贵难求的程度，由此可见一斑。

后世对澄心堂纸多有仿制。宋代制墨家潘谷也是一名造纸家，曾仿制澄心堂纸。到了清代，清廷内府"如意馆"，也曾仿制澄心堂纸。

第四节 宋元时期的纸

一、皖南作为皮纸生产中心地位的确立

宋朝时期，文化传播随时代长足发展，用纸量大增，宣州各地所产纸张供不应求。熙宁七年（1074年）六月，朝廷“诏降宣纸式下杭州，岁选五万番”；但由于受自然条件等多种因素限制，未能持续发展。少量的泾县纸则更为文人所索求，如宋代诗人王令在《再寄权子满》诗中写道：“有钱莫买金，多买江东纸。江东纸白如春云，独君诗华宜相亲。”宋代的泾县已属江南东路的宁国府管辖，所以这里称作“江东纸”。

在宋代，皖南地区仍是我国皮纸生产的中心，其产品还远销到造纸业相当发达的四川。匹纸的出现是宋代皮纸的最高技术成就。安徽南部的黟县、歙县地区在宋代造出长达五丈的巨幅匹纸。《文房四谱》中有关于其制造方法的记载：“盖歙民数日理其楮，然后于长船中以浸之。数十夫举抄以抄之，傍一夫以鼓而节之，于是以大薰笼周而焙之，不上于墙壁也。由是自首至尾，匀薄如一。”

此外，皖南各州还有许多优质纸品。《新安志》称，宋代新安仅“上贡纸”就有七种，号称“七色”，岁贡达140万余张，“货贿类纸，亦有麦光、白滑、冰翼、凝霜之目”。宣州府泾县纸则有“金榜、画心、潞玉、白鹿、卷帘”等名号。

二、真正的宣纸

所谓“真正的宣纸”，是特指泾县所产檀皮书画纸，也有专家称之为“正统宣纸”。一般认为，这种宣纸最早产于泾县小岭十三坑，而其

滥觞者，为居于小岭的曹氏家族。

曹氏从1038年由太平迁至南陵，到曹大三再自南陵虬川迁至泾县小岭，共历八世，约合240年，即至1278年前后，时值宋末元初。曹氏在小岭落户后，分徙一十三宅，因地处山陬，无田地可耕种，便以造纸为业。

曹氏造纸技术“世守其秘，不轻示人”，也正是在他们手中，建立了一套完整而合理的“灰碱蒸煮、雨洗露炼、日曝氧漂”制料和“捞、晒、检”环环相扣的制纸工序，一直沿用至今。

小岭周边的植物生长情况，决定了宣纸的出现。当时皖南盛产皮纸，到处有楮树，但小岭十三坑却没有楮树，遍地尽是与楮树相似的野生青檀树，曹氏便以檀皮替代楮皮造纸，此后世代以造纸为业。

上述曹氏宗谱的资料为确定泾县檀皮宣纸的起源提供了重要的线索，但并不能据此断定泾县檀皮宣纸的最早年限就是曹大三迁至泾县小岭的时间。因为在曹大三来小岭之前，当地可能已经有人在用檀皮造纸了。因此，可以客观地说，曹氏在小岭造檀皮纸只是当时宣州皮纸生产的很普通的一个组成部分，由于曹氏一族具有较为清醒的企业发展意识，于是发展壮大，以至于成为宣纸的品牌。

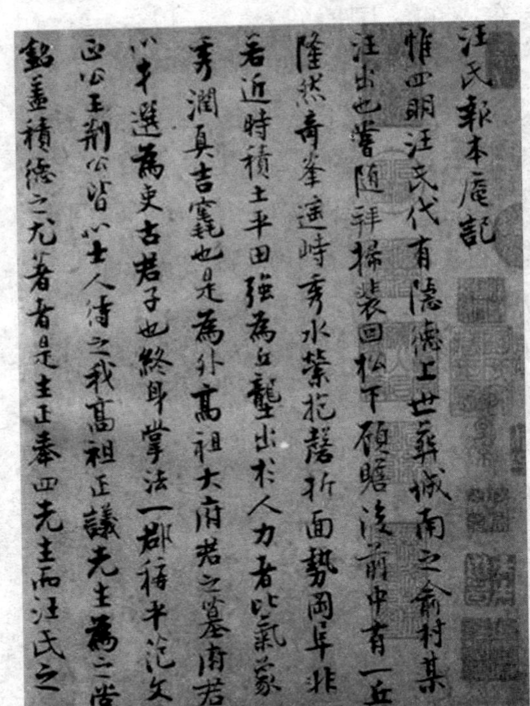

张即之书法

其实，用檀皮造纸的并非只有曹氏家族。在元代，宜兴地区既用稻草，也用檀皮造纸。有一条很重要的实物证据可以作为上述推论的佐证。现存于安徽省博物馆的南宋《张即之写经册》共8页，原为手卷，后剪裁接裱成册。此纸产于安徽宣州，其质如春云凝脂，洁白细韧，平滑匀整，坚柔耐韧。虽经岁月，仍犹新制。文物专家王世襄评曰："南宋张即之用以写经的'白宣'尤为重要，系用青檀树皮加稻草制成。千百年来盛名不衰的宣纸，沿用的正是上述材料，故它具有典型长在的意义。"张即之，字温夫，号樗寮，是南宋著名书法家，学米芾而参用欧阳询、褚遂良的体势笔法，尤善写大字，存世书迹有《报本庵记》《书杜诗卷》等。《张即之写经册》既为檀皮加稻草所造，当然算是"真正的宣纸"，说明宣纸技术早在南宋时就已经出现了，其年代比1278年要早几十年，也就是说，早在曹大三之前，泾县檀皮纸已经面世了。

张即之《书杜诗卷》

"真正的宣纸"虽然在原料上与传统的宣州楮皮纸有质的区别，但宣纸成为驰名中外的名纸，根本的因素并不完全取决于其原料发生了改变，而是在于制造技术的全面成熟。泾县以檀皮为原料制成了宣纸，掺以沙田稻草之后仍称宣纸，而宜兴在元代虽以檀皮为原料制成纸，但并不称宣纸。所以，不能单纯地以原料为根据来区分是不是宣纸，工艺更关键。可以这样设想一下：如果檀皮不够用了，或技术改进之

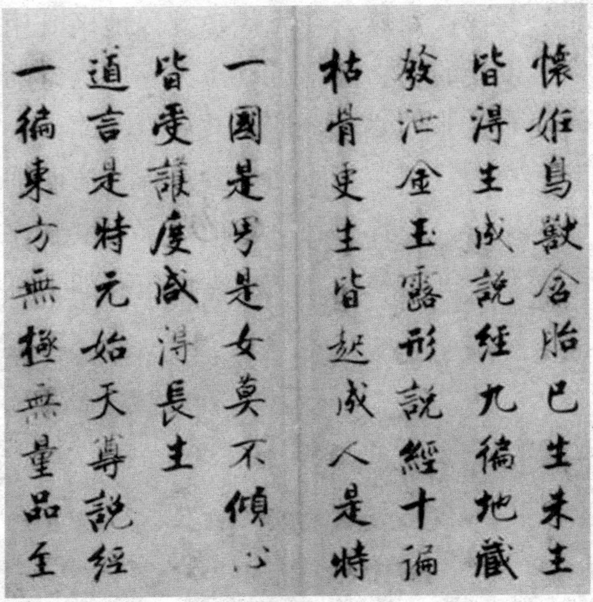
懷妊鳥獸含胎已生未生
皆得生成說經九徧地藏
發泄金玉露形說經十徧
枯骨更生皆起成人是特
一國是男是女莫不傾心
皆受護度咸得長生
道言是特元始天尊說經
一徧東方無極無量品至

《张即之写经册》

后，可能会用其他树皮造宣纸，但纸的名称却未必会另改他名。

可以概括地说，宣纸技术肇始于唐代宣州皮纸，通过与徽、池二州皮纸技术的不断交流融合，而一直有所发展。其间，有两次重大突破：宋元时期继承了澄心堂纸生产技术，明清时期吸收了宣德纸的先进工艺。加上小岭纸工祖祖辈辈不断摸索改进和完善，最终在明清时期发展成为皖南皮纸体系中最具代表性的一代名纸。

元代建立后，南北统一，经济文化有所发展，以倪元林、王蒙、吴镇、黄子久等为代表人物的山水画坛冲破传统宫廷画法的桎梏，提倡山水写意和泼墨豪放的技法，宣纸为此画法提供了广阔的发挥和想象的空间，作为画家们发挥技艺和才能的基本工具而被重视起来，这反过来又大大地刺激了宣纸业的发展，加上宣纸制造工艺的日趋成熟，宣纸生产有了长足的进步。

当时一些文人墨客对宣纸多有题咏。如元代诗人傅若金在为去徽州的友人送行时作《送奎章阁广成局副杨元成奉旨之徽州熟纸因道便过家钱唐二首其一》中写到了宣纸，诗云：

新安江水清见底，水边作纸明于水。

兔臼霜残晓月空，鲛宫练出秋风起。

五云高阁染宸章，最忆吴笺照墨光。

明朝驿使江南去，诏许千番贡玉堂。

诗中盛赞当时新安产的宣纸纸质如白兔、似残霜，纸薄明于水。这种精致的宣纸为朝廷所看重，皇帝下诏遣使去江南，一次就要“千番”宣纸上供，可见元代朝廷需要贡纸的数量之大。

第五节 明清时期的纸

一、明代皮纸的代表——“宣德纸”

明清两代，中国的造纸业更加发达，形成了皮纸技术发展的又一高峰期。江西、浙江和安徽是这一时期皮纸技术最发达的3个省份。明代皮纸的最高成就当数明宣德年间开始生产的“宣德纸”。宣德是明宣宗朱瞻基的年号，这一时期，社会安定，经济发展，手工业生产达到很高水平，出现了“宣德炉”“宣德瓷”“宣德纸”等不少传世精品。

“宣德纸”是一系列加工纸的总称，主要品种有白笺、洒金笺、五色粉笺、金花五色笺、五色大帘纸、瓷青纸等。清人查慎行曾作诗咏赞宣德纸：“小印分明宣德年，南唐西蜀价争传。侬家自爱陈清款，不取金花五色笺。”由此可见，当时宣德纸的价值与澄心堂纸及蜀笺不相上下，其中又以带有造纸名家陈清印记的纸为最佳。

“宣德纸”的产地在江西。据明代屠隆《考槃馀事·纸笺·国朝纸》记载：“永乐中，江西西山置官局造纸。”明代朝庭内府几乎全用江西楮皮纸。如明成祖永乐元年，大学士解缙主持编纂《永乐大典》，使用的就是西山纸厂所产楮皮纸。到宣德年间，西山贡纸演变为“宣德纸”。“宣德纸”对皖南皮纸有重要的影响，泾县等地多有仿造。清人沈初的《西清笔记》记载：“泾县所进仿宣纸，以供内廷诸臣所用。”这里所说的“仿宣纸”指的是仿宣德纸。

综上所述，包括宣州与徽州、池州在内的整个皖南地区的皮纸生产属于同一体系，自隋唐以来一直在全国有重要影响。虽然全国各地的皮纸生产在不同的阶段发展并不均衡，但由于技术的不断交流和相互影响，总体发展水平大致同步。所以，成为中国造纸业经典的宣纸最终在皖南出现并不是偶然事件，其技术渊源就包含在皖南皮纸的技术体系中。

二、宣纸的经典之作——泾县“连四”

在明代，泾县宣纸步入重要的发展阶段，并且从此独占中国优质书画用纸、书籍用纸鳌头。

沈德符在《飞凫语略》文中直接称宣纸为“泾县纸”，文震亨在《长物志》中云：“吴中洒金纸，松江谭笺，俱不耐久，泾县连四（即宣纸中的四尺单宣）最佳。”

清代泾县宣纸生产发展迅速。县东漕溪有汪六吉等大户，生产颇具规模；县西小岭曹氏世家，生产日益繁荣。康熙进士储在文宦游泾县时曾乘兴而撰《罗纹纸赋》，其中写道：“若夫泾素群推，种难悉指。山棱棱而秀簇，水汩汩而清驶。弥天谷树，阴连铜室之云。匝地杵声，响入宣曹之里。精选则层岵似瀑，汇征则孤村如市。度来白鹿，尽齐十一以同归；贡去黄龙，箧幂万千而莫拟。固已轶玉版而无前，驾银光而直起……越枫坑而西去，咸夸小岭之轻明；渡马渎以东来，并说曹溪之工致。”以由衷赞叹宣纸品种的最佳者——罗纹宣。

这一时期，“小岭十三坑”的宣纸生产相当有名，处处建棚（厂）

造纸，棚户（厂家）日益增多，小岭一隅已无法容纳，于是很多新老棚户另辟蹊径，向外发展，遍及全县所有宜造宣纸的地方。

清代小说家曹雪芹在《红楼梦》第42回里就描写到宣纸，小说中的人物宝玉、黛玉、宝钗、惜春等在议论画大观园时，宝玉说“家里雪浪纸，又大，又托墨”，宝钗补充道:“那雪浪纸，写字、画写意画儿，或是会山水的画南宗山水，托墨，禁得皴染……”这里说的“雪浪纸”就是宣纸。

三、明清时期的仿造纸

明清以后，造纸原料及生产技术都有了很大突破和发展，出现了许多精品，成为可供人观赏珍藏的艺术品。如明代仿制唐代的“薛涛笺”和仿制宋代的“金粟经笺”。这类仿制纸中加了云母粉，纸面露出光亮耀眼的颗粒，是明代对纸的创新。明代江苏苏州一带有一种洒金笺，也名重一时。

清代仿制加工的纸品种更多，尤其康熙、乾隆年间的制品最为精细，且有传世纸品留存。乾隆年间仿制的“澄心堂纸”，有的为斗方式，纸质较厚，可分层揭开，多为彩色粉笺，还用泥金绘以山水、花鸟等图案，纸上均有长方形隶书小朱印，印文为“乾隆年仿澄心堂纸”，纸料为皮料。清仿“薛涛笺”，是一种长方形粉红小笺，印有长方形小印，印文“薛涛笺”，多用作信纸。乾隆年间又仿制“金粟经纸”，乾隆帝喜用此纸写字，又用此纸印《般若波罗蜜多心经》。有些内府的名画也用此纸作“引首”，北京故宫博物院尚有保存。

乾隆时期还仿制元代名纸“明仁殿纸”，如“清仿明仁殿画如意纹粉蜡笺”，纸上用泥金作如意云纹，纸厚，表面平滑，纸质匀细，纤维束甚少，属桑皮纸。这种纸两面均有精细的加工，背面有黄粉加蜡，且以金片洒之，纸的正面右下角钤阳文“乾隆年仿明仁殿纸”隶书朱

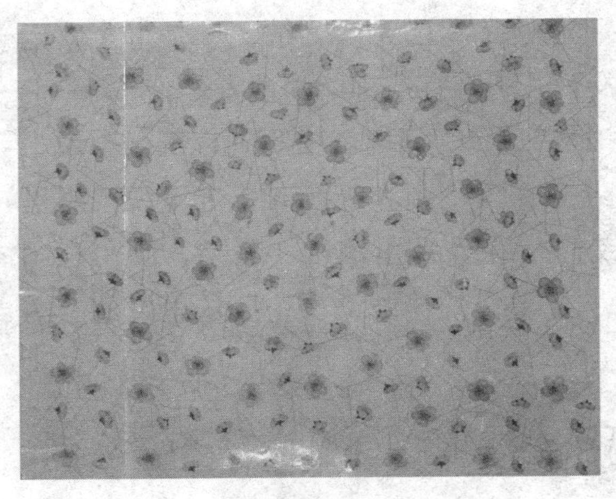
梅花玉版笺

印。此纸为内府库品，造价极高，有很高的工艺水平。

清朝时期除仿制古名纸外，还有一些创新的产品，如保存在北京故宫博物院内的“梅花玉版笺”。该纸为斗方式皮纸，纸表加以粉蜡，再用泥金或泥银绘以冰梅图案，有方形“梅花玉版笺”朱印。这种纸创于清康熙年间，乾隆年间复制盛行，薄于仿明仁殿纸。清朝时期还新创了“五色粉蜡笺”。这种粉蜡笺始于唐代，是以魏晋南北朝时的填粉和唐代的加蜡纸合二为一的加工纸，成为多层黏合的一种宣纸，具备粉纸及蜡纸的优点。其做法是，在作底料的皮纸上，施以粉加染蓝、白、粉红、淡绿、黄等五色，加蜡以手工捶轧研光。有的在纸面上用胶粉施以细金银粉或金银箔，使之在彩色粉蜡笺上呈金银粉或金银箔的光彩，称为“洒金银五色蜡笺”；有的用泥金描绘山水、云龙、花鸟、折枝花等图案，称为“描金五色蜡笺”。此纸防水性强，表面光滑，透明度好，具有防虫蛀的功能，可以长久张挂。书写绘画后，墨色易凝聚在纸的表面，使书法黑亮如漆。由于制作精细而价高，故多用于宫廷内府殿堂书写匾额及壁贴等，民间很少流传。此纸以乾隆内府制作最为精良，也称“库蜡笺”。

明清时期还有一种新的加工纸，称作砑花纸。纸料为上等较坚韧的皮纸，有厚有薄，图案多为山水、花鸟、鱼虫、龙凤、云纹或水纹，也有人物故事或文字。此纸透光一看，能显示出一幅美丽的暗纹图画。北京故宫博物院保存的“砑花蜡印故事笺”，用的是细帘纹皮纸，纤维交结匀细，纸厚，色以土黄为多，纸上砑有《赤壁赋》《卢仝烹茶》等人物故事图案的暗纹，绘画风格均受宫廷绘画的影响。纸的表面施粉，非常精细，很适于笔墨书写。砑花纸加工方法为：先在纸上加粉染色，然后把画稿刻在硬模上，再以蜡砑纸，模上的花纹因压力作用而呈现光亮透明的画面。明清时期以来还制造了罗纹纸、发笺、白云母笺，各色雕版印花壁纸等；纸的加工工艺则创造了染色、加蜡、砑光、施粉、描金、洒金银和加矾胶等各种技术。人们以“片纸非容易，措手七十二”来形容制纸工艺的繁杂及艰苦。

四、清代文人题咏

清朝康熙年间，江南著名文人朱彝尊和查慎行有一次著名的联诗，诗中对竹纸的生产过程进行了系统描述。竹纸业是南方地区规模最大、区域最广和最发达的纸产业。清代是竹纸制造业的鼎盛时期，竹纸生产达到了空前的程度，主要集中于南方的福建、江西、浙江、安徽、四川、湖南和广西等地。康熙三十七年（1698 年），朱、查二人结伴从浙江出发，经江西到福建，途经浙江衢州的常山、江西广信府的铅山、福建建宁府的崇安，正是竹纸的盛产之地。他们为当地造竹纸的盛况所感动，写成了《水碓联句四十韵》和《观造竹纸联句五十韵》。《水碓联句四十韵》一诗描绘了当地山区溪流水源波涛汹涌的壮观场面，概述了溪流边各种巨大的水碓的构造及“捣纸十万笺，取禾三百亿；糠秕除未尽，藤竹需孔急”的生产状况。

《观造竹纸联句五十韵》一诗证实了明宋应星和清黄兴三所记载的竹纸生产过程的普遍性该诗前十二韵是关于造竹纸的描述，后三十八韵则系统地追述了中国古代纸业发展的历史过程。此诗可以帮助了解古代纸业和其发展情况，全录如下：

（朱）信州入建州，篁竹冗于筱。

（查）居人取作纸，竹稚不用老。

（朱）遑惜箫笛材，缘坡一例倒。

（查）束缚沉清渊，杀青特存缟。

（朱）五行递相贼，伐性力揉矫。

（查）出诸鼎镬中，复受杵臼捣。

（朱）不辞身糜烂，素质终自保。

（查）汲井加汰淘，盈箱费旋搅。

（朱）层层细帘揭，焰焰活火烤。

（查）舍粗乃得精，去湿忽就燥。

（朱）擘来风舒舒，暴之日杲杲。

（查）箬笼走南北，适用各言好。

（朱）缅维邃古初，书契始苍皞。

（查）自从史记烦，方策布丰镐。

（朱）中经祖龙燔，孰敢扑原燎。

（查）漆简及韦编，残灰迹同埽。

（朱）当时祸得脱，赖尔生不早。

（查）汉代崇师儒，家各一经抱。

（朱）截缉蒲柳姿，刀削讵云巧。

（查）如何枊物智，乃出寺人造。

（朱）麻头鱼网布，弃物收岂少。

（查）后来逾争奇，新制越意表。

（朱）山苗割藤芨，水澨采苔藻。

（查）桑根斧以斯，蚕茧机不绞。

（朱）澄心光致致，镜面波皛皛。

（查）研宜金粉膏，绘作龙鸾爪。

（朱）桃花注轻红，松花染深缥。

（查）鸦青密香色，一一随浣澡。

（朱）十样益部笺，万番传癖稿。

（查）纷然输馆阁，迯矣来海岛。

（朱）要为日用需，若黍稷粱稻。

（查）惜哉俗暴殄，涂抹太草草。

（朱）俗诗蛙蝈鸣，俗书蛇蚓绕。

（查）俗学调必俳，俗文说多剿。

（朱）流传人有集，刷印方未了。

（查）积秽堆土苴，余殃毒梨枣。

（朱）或污瓜牛涎，或供蠹鱼饱。

（查）或为肉马踏，或被饥鼠咬。

（朱）黏窗信儿童，覆瓿付翁媪。

（查）遭逢幸不幸，所系岂纤杪。

（朱）平生嗜奇古，卷帙事研讨。

（查）秘笈藉尔钞，籝金匪我宝。

（朱）响拓溯籀斯，断碑拓洪赵。

（查）提携白刺史，著录庶可考。

（朱）由拳法失传，将乐槽苦小。

（查）楚产肌理疏，晋产肤泽槁。

（朱）物情相倍蓰，美恶心洞晓。

（查）非无云霞腻，爱此霜雪皎。

（朱）小叠熨帖平，捆载赴逵道。

（查）预恐压归装，又滋征榷扰。

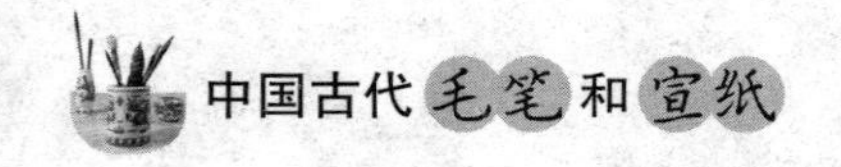

第六节　民国时期纸的发展

一、泾县宣纸扬名国际博览会

在众多的宣纸生产厂家中，泾县古坝官坑汪同和纸庄生产的老汪六吉（墨记）牌号宣纸被推为泾县宣纸中的珍品。据《泾县地方志》载，老汪六吉牌号于清光绪十八年（1892 年）在泾县北乡官坑开设宣纸厂棚生产宣纸，这就是闻名于世的汪同和纸庄，它在上海、南京等地设有纸栈，不仅畅销国内，而且远销国外，在 1915 年巴拿马国际博览会上，该纸庄生产的宣纸荣获纸张金质奖，写下了宣纸首次在国际上获奖的光辉篇章，不久又在上海国际纸张展览会上荣获金牌。汪同和纸庄是当时泾县生产宣纸的最大槽户之一，生产的宣纸最负盛名。

二、宣纸工业的考察报告

进入 20 世纪以后，由于“洋纸”的进入与倾销，宣纸业受到洋纸竞争的挤压而走向衰落。衰落的主要原因当然是洋纸采用机器生产，因而价格低廉；宣纸却仍采用手工操作，因而价格高昂。另外，虽然宣纸是书画用高级纸，但其作为书画用纸的功能也在很大程度上被洋纸替代。为了研究改进宣纸生产技术，当时的中国造纸研究所工作人员赴泾县调查了解宣纸产地和宣纸生产等一系列情况。

中国造纸研究所的宣纸业调查开展于 1936 年。调查结束后，魏永淇于 1936 年撰写发表了《宣纸制造工业之调查》一文，全文约 10000 言；张永惠于 1937 年发表了《安徽宣纸工业之综述》一文，全文约 15000 言。两份调查报告都具有一定的学术价值和史料价值，是研究

民国时期宣纸业的重要参考资料。

曹天生于2000年出版的《中国宣纸》一书中，对张永惠、魏永淇关于宣纸的调查报告内容作了详细的介绍。

文星宣纸

魏永淇的调查报告《宣纸制造工业之调查》包括9个部分的内容：

一是“引言”，其中提到从事宣纸制造业者，多为泾县小岭曹姓族人；从前外国商人曾往小岭调查，并采回青檀秧，竟因气候土质不同，未有所成，可见其地理环境的不同所造成的结果也不同。

二是“泾县宣纸原料及纸槽之分布情形”。介绍了小岭宣纸向泾县东乡发展的原因、青檀的分布、稻草的选用、造纸黏液与植物种类的关系、造纸用碱等。

三是“当地产纸情况”。提到当时的宣纸总产额估价在时币百万元以上，各厂家渐已成彼此倾销之势，宣纸质量因厂家为降低成本而采用次等原料和多掺草料而大不如前等。

四是“纸厂设备情形”，主要列出所调查的制造宣纸所需的用屋和各类工具。

五是“制造方法”。在这部分内容中，就制造皮料方法、制造草料方法、抄纸情形等作了较为详尽的记载，这是这份调查报告的核心内容。

六是“宣纸之种类名称”。此部分分别就四尺、五尺、六尺、八尺、白鹿等各大类宣纸作了介绍，并将作者对江南毛边、江南连史、料半、贡宣、道林、老竹纸的强弱张力等试验结果列成表格，具有一定的学术研究和参考价值。

七是“成本约计”。此部分分别就宣纸制造的皮料成本、草料成本、抄纸成本价格的调查所得列出表格，供读者参考。

八是“纸张之运销情形”。此部分记载了泾县各产纸区所产宣纸，先集中于泾县，然后运往芜湖，再由芜湖运往他埠；还介绍了当时的多种运输方式、海内外销纸区域等。

九是“结论”。作者认为宣纸“(1)制造纸料时间过长，不合于工业经济原则。(2)药品运用不甚得法。(3)蒸煮用开口锅，热力损失太多，洗料及天然漂白所损失之纤维甚多。(4)材料不均，因旧制纸无筛浆设备”，并提出了改进意见。

张永惠是我国著名的造纸专家。1936年，他从德国留学归来，便奉中国造纸研究所之命，赴泾县调查宣纸生产情况。在调查结束后，他撰写并发表了《安徽宣纸工业之综述》一文。这篇调查报告分12个方面展开介绍，其中格外着重地提出了“旧制纸无筛浆设备”，并提出了作者的改进意见。全文要点如下：

在该文“引言”中，作者说明了调查的目的：“本单位久欲改善其制造方法，使成本降低，惟苦无檀皮原料，不能加以试验，故派永惠履地调查，一则明了其制造方法之究竟，二则收集就地檀皮加以试验。”作者还谈到，宣纸产地人对宣纸生产方法“绝对保守秘密。但目下情势已变，加以洋纸及仿制之宣纸充塞市场，予真正宣纸在产销方面，均受极大冲击。该业自知不图改进，使成本减轻，产量增加，万难与洋纸及仿制者竞争，而维持久远。故犹对调查人员特表好感，申述营业之现状，愿将制法协同研究，俾得挽回既往之损失”。

在“产区概况”中，指出当时小岭产纸有“双岭坑、方家门、许家湾等十余坑，纸槽约有十七八家，共四十余单位槽。产量约占全县的 80%”。

在“营业组织”中，指出当时“槽户为免除纠纷及销售竞争起见，于枫坑设立宣纸公会。凡槽户出售产品，须该处集中，经检定价格后，始可运出”。并介绍了当时经营者资本大小不一及其各自经营的特点。

在“原料”“助料”中，就宣纸生产的原料檀皮、稻草、助料水、黏液、石灰、碱、漂白剂等所了解的情况作了介绍。

在“制纸程序”“制纸方法”中，就宣纸的造料包括皮料制造程序、草料制造程序，做料包括皮料制造法、草料制造法，精制包括皮料精制、草料精制，制纸包括抄纸、榨纸、焙纸、检纸等程序和制法作了较为详细的叙述。

在该文的“八至十一”部分中，作者分别就“纸槽工具及设备”“出品种类及槽户”“成本约计”“运效情形”等实地调查情况作了记录和介绍。

在“结论”中，作者认为当时宣纸质量滑坡的原因在于“宣纸原料（檀皮）太贵，纸料不均，产料率太低，制造工具不良，槽主及技工知识之落伍，造料时间过长及药品应用亦不甚得法，此则均为宣纸失败之症结。再加以仿制宣纸之竞争，洋纸用途逐渐增加，宣纸之一蹶不振，理之当然”。并为此建议一定要“利用科学之制造方法”。他建议建立一规模较大之碱法制浆厂，“专制纸料，以供给所有宣纸槽户之用。制纸

宣纸的漂洗

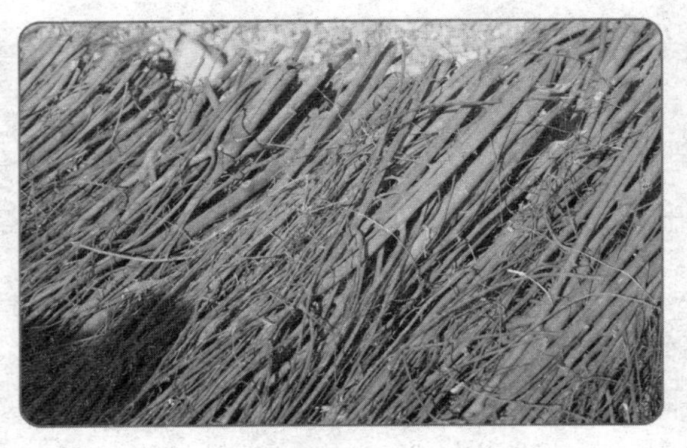
青檀树

部分，不妨维持旧有手工制造法，略加改良，如此不特品质渐臻优良之域，其价格亦可减低不少”。

张永惠与魏永淇的两份调查报告互为补充，都是不可多得的可信可靠的研究资料。也就是从他们这次实际调查开始，宣纸才有了经济学意义上的统计资料，而在这之前，关于宣纸的文字材料都是片段而支离破碎地存在于古代文人的笔记或题记之中。张、魏二人在记录我国20世纪30年代宣纸业实况、为后来的研究提供第一手资料方面，功不可没。

三、四川夹江书画纸的兴起与发展

四川夹江手工造纸始于唐朝，明清时夹江纸业进入兴盛时期，最多时，全县纸产量占全国的1/3。史载，康熙初年，夹江所送的“长帘文卷”和“方细土连”二纸经康熙亲自试笔后，被钦定为“文闱卷纸”和“宫廷用纸”，夹江纸由此声名大振。夹江生产的纸每年定期解送京城供科举考试和皇宫御用，各地商人也云集夹江，争相采购夹江纸品，夹江纸行销全国。因此，夹江有了“蜀纸之乡”的美誉。

文闱卷纸

抗日战争时期，夹江造纸的槽户发展到约5000户，从业人员4万多人，年产纸量高达8000余吨。这时，寓居成都的国画大师张大千在安徽特制的“大风纸”即将用罄，他转而用夹江的“粉连史”纸作画，但粉连史纸质地绵韧，抗水性差，受墨和浸润性能也不甚佳，达不到理想的绘画效果。于是，张大千到夹江县马村石堰山，亲自了解夹江纸的配料及生产工艺并对其进行改良。

张大千在纯竹料纸浆中加入少量的麻料纤维以提高纸张的韧性和拉力，并改变传统的天然漂法，采用进口漂白粉增加纸面白度。新一代的夹江纸终于成功生产。新纸洁白如雪，柔软似绵，张大千对其偏爱有加，亲自设计纸帘、纸样，命名为“蜀笺”。这种纸的帘纹比宣纸略宽，在纸的两端做有荷叶花边，暗花纹为云纹，设在纸的两端四寸偏内处，一边各有“蜀笺”和“大风堂监制”的暗印。张大千共定造了200刀夹江新纸，每刀96张。夹江书画纸从此名声大振。

张大千热情题词称赞:“宣夹二纸，堪称二宝。”由此，人们把夹江纸与安徽宣纸相提并论。1983年，夹江县政府为纪念张大千对提高夹江书画纸品质所做的贡献，将夹江书画纸命名为“大千书画纸”。

大千书画纸

第七节 中华人民共和国成立后的宣纸

一、宣纸发展史上的新创举

中华人民共和国成立后，宣纸生产处于百废待兴的状况。1949 年 9 月，泾县当时仅保存下来的几家宣纸业厂主，为振兴宣纸业，解决 5000 多名宣纸失业工人的生活出路，共同研讨宣纸联合生产、统一运销等问题，并达成一致意见，联名向泾县人民政府政治处呈报泾县宣纸业的状况及计划要求，要求人民政府予以切实指导，并给予经济上的扶持。

1951 年 8 月，党和人民政府尊重私营厂主的呈报意见，对宣纸生产做出统筹安排，将分散于全县各乡村的 70 多家宣纸厂，联合组建成“宣纸联营处”，统一经销宣纸业，开始恢复 5 个纸槽的生产。政府当时决定：由厂主组织成立一个董事会，董事会下设联营处。各纸厂联营后仍由厂主负责经营管理。宣纸联营处地址设在县城，下设 4 个生产厂，一厂在乌溪，两个纸槽生产；二厂在许湾，一个纸槽生产；三厂在云龙坑，一个纸槽生产；四厂在小岭，一个纸槽生产。当时规定：每个厂有一个管棚的来管理生产（类似工头），设一名副经理、一名业务管销售、一

泾县宣纸厂车间

名厂务管生产，另外设有主办会计、会计、出纳和采购员若干名。联营之后，工人的工资除预付一部分外，其余的仍采用季节性的结算办法，即分端午节、中秋节和春节三季结清。

此后几年，宣纸产量逐年稳步上升，比个体分散经营要进步很多，生产也有了计划。但是，联营期间，由于各家组合为一体，生产技术、加工方式等都有差异，生产出来的宣纸质量也受到一定影响，主要表现为纸面粗糙、拉力不强、润墨效果较差等纸病。1950年，小岭宣纸棚户与宣纸从业人员为解决生计，由曹康乐、曹世舜、曹宁志、曹世进、曹清和等牵头，建起新生宣纸厂、民生宣纸厂、三合成宣纸厂、工友宣纸厂。但因资金不足，原料短缺，产品销售困难，不久都告停产。

1953年底，泾县人民政府接到宣纸联营处请求与国家合作、共同办好宣纸业，解决资金短缺、质量低劣、技术设备改造等问题的报告后，立即以工商行字第551号文件，向省工业厅转呈报告。安徽省人民政府财政经济委员会于1954年1月正式批准泾县宣纸联营处改为公私合营，并由省财政厅按财政手续拨款3.5亿元作为投资。同年2月，当地政府将联营处撤销，正式批准成立了“公私合营泾县宣纸厂”。至此，生产单位由历史上的分散不固定的“宣纸棚”合并组建成社会主义的新工厂。

1956年以后，公私合营泾县宣纸厂内部组织机构再次调整。厂部改设成立生产技术股、财供股、人秘股。到1958年，宣纸生产纸槽全部集中到乌溪，厂部分设为行政、人保、生技、供销、财务5个股室。纸槽由联营时的5帘发展到三十几帘，产品品种由原来的20余种扩展到60多个不同规格的宣纸品种，并相继恢复了清末后失传的丈二宣、丈六宣、扎花、罗纹、龟纹等名贵产品，年产量达到173.55吨，比联营时增长4倍多，员工增至415人。

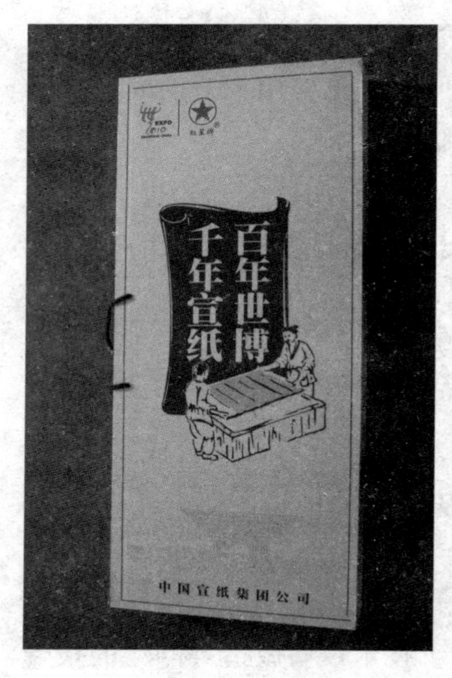

红星牌宣纸

冬心先生年踰六十始學畫竹前賢竹派
不知有人宅東西種植修篁約千萬計先
生卽以爲師去春先生病起目矇耳聵之
狀輒自愛惜名山老疾時時動念今夏四
月輕艫短櫂别剡中諸勝過吳興攬苕弁
鬪大雷下浸太湖狎洞庭揖林屋品第茶
經慧泉泉上蹋艮常憩招隱復渡江訪焦
先瓜牛廬又至廣陵客謝司空寺無日不

冬心画竹题记

1966年11月，经安徽省轻工业厅批准，公私合营泾县宣纸厂更名为“安徽省泾县宣纸厂”，注册了“红星牌”和“★”图文商标。从此，宣纸的研制与生产更显规模。

大幅宣纸的制造，向来具有较大的难度。明代曾有“宣德丈六名纸”，成为宣纸生产史上的美谈。除了丈二纸之外，明代还创制了一种“丈六宣”，为世上公认的文房珍品，名震艺林，清代画家金农在《冬心画竹题记》中有关于“宣德丈六名纸”的记载。丈六宣又叫“露皇”，纸面积大，纸质甚佳，清雍正年间就已失传。1964年，泾县的宣纸大师周乃空经过反复探索，设计出全套生产工具，确定生产工艺，进行试制，终使工艺失传多年的丈六宣重见天日。昔日文房珍品，今日再现光辉。王东溆《柳南续笔》中记载“太仓王文肃家有宋笺可长十丈米元章细楷题其首，谓此纸世不经见，留以待善书者。”由此可知，古人已拥有惊人的造纸技术。

为了传承民族文化遗产，国家计委、国家科委联合投资将宣纸抄纸新工艺定为国家重点科研项目，宣纸大师周乃空为项目主持人，积几十年之经验，历经10多年，经过7次调研、4次可行性论证和无数次模拟实验，1988年5月，宣纸抄纸新工艺终于在北京人民大会堂通过国家级鉴定，新工艺生产出的长达数十丈的宣纸，在工艺特点、技术指标等方面达到国家要求。新工艺不仅保留发展了宣纸传统工艺特色，而且与现代科技相结合，生产出来的宣纸在撕裂度、帘纹外观、耐老化、吸水性、裂断长等理化指标已超过传统工艺生产宣纸的要求。

二、宣纸的定义及泾县宣纸确立原产地域保护

1992年，安徽省泾县宣纸厂结合现代企业制度要求进行改制，改制后定名为“中国宣纸集团公司”。1995年，泾县被中国农学会授予“中国宣纸之乡”称号。1996年，“红星宣纸”A股1700万股在深圳证券交易所挂牌上市。1999年，“红星牌”宣纸商标被国家商标局认定为“中国驰名商标”。2000年，中国宣纸集团公司向国家申请宣纸原产地域保护；同年，泾县被国家保护办批准为宣纸原产地，保护范围为泾县，保护名称为宣纸。2002年，泾县被国家批准为“宣纸原产地域”。

国家标准GB 18739—2002对宣纸的定义是：“采用产自安徽省泾县境内及周边地区的沙田稻草和青檀皮，并利用泾县特有的山泉水，按照传统工艺，经过特殊的传统工艺配方，在严密的技术监控下，在安徽省泾县内，以传统工艺生产的具有润墨和耐久等独特性能，供书画、裱拓、水印等用途的高级艺术用纸。”

沙田稻草

红星牌宣纸

1958年，郭沫若为“红星牌”宣纸的题词高度概括了宣纸在中华文化中所发挥的巨大作用:“宣纸是中国劳动人民所发明的艺术创造，中国的书法和绘画离了它，便无法表达艺术的妙味。”1965年，郭沫若在试用“红星牌”宣纸之后，欣然题下“中国宣纸样本”几个字，送至红星宣纸厂，红星宣纸厂遂按样制作了当时的宣纸样本，封面即采用郭沫若的这一题字。

一大批艺术大师对宣纸更是情有独钟。1980年，国画大师刘海粟为泾县宣纸题下“纸墨千秋，墨韵万变”的评语。1985年，时任中国美术家协会主席吴作人题写了“纸墨千秋”。黄胄、李可染、李苦禅、赖少其等书画大师都曾多次亲临泾县宣纸制作现场，并题词作画。启功、赵朴初、白雪石、韩美林等大师先后为中国宣纸题词，他们都对这一纸中珍品情有独钟，纷纷留下丹青墨宝，寄托了他们对宣纸的无比深情。

书画大师们的大力肯定，为宣纸这一国粹艺术向全世界的传播，起到了极大的推进作用。

三、书画纸对传统宣纸的影响

人们对宣纸的认识大多存在一个误区，即将宣纸等同于书画纸。宣纸的价值和质量，前面已有较多介绍。书画纸只是一种具有润墨特性的普通纸张，是20世纪80年代以来，随着经济和市场的发展应运而生的。其主要产地为浙江富阳、广西都安、四川夹江、河北迁安和安徽泾县。起初书画纸原料有龙须草浆、木浆、竹浆、废纸浆等，质量参差不齐，后逐渐采用由湖北、河南两地所产的龙须草浆作原材料。龙须草是一种野生草本植物，我国黄河以南的丘陵地带生长较多。造纸厂家将龙须草制成纯干浆板，再售到各地。龙须草制浆过程与麦秸秆一样，都是经过破碎、打浆、漂白、烘干等工序，机器流水作业。由草变浆，只需2—3天时间，成浆工序简单并经过强化处理，杂细胞、杂物质含量多，不可避免地影响纸质。由于龙须草的性质较柔软，被制作成浆板后，只要用水浸泡，就会很快溶解。书画纸厂家购回浆板后，把浆板浸泡成糊状，用打浆机将其打匀，即可入槽抄捞。由浆板制成书画纸，只需3天时间，也就是说，从龙须草到书画纸，全部制作过程只有5天左右。

书画纸的润墨性完全靠其自身的易溶特性。与宣纸相比，书画纸的润墨性表现不规则、不匀称、不出层次，只是一味渗透。初学书画者多用来练书法，如练习绘画就不够理想。最重要的一点，在抗老化及耐久性方面，同宣纸的“墨韵千秋”相比，书画纸实难望其项背，它的保存寿命只有数十年，如保管不当，短时间就会褪色或遭虫蛀。

龙须草

在书画纸出现之后，得益于传统手工生产技艺的技术优势和中国宣纸之乡的区位优势，泾县造纸业内人士瞄准市场发展行情，开发出具有泾县特色的书画纸投放市场，先后仅用 10 年左右时间，泾县书画纸产业形成覆盖全国的销售网络。在 10 多年的发展过程中，泾县书画纸在产品质量上得到了一些初学书画者的认可，作为一种大众化产品，满足了初学书画人群的需求。至 2005 年统计资料：泾县共有宣纸、书画纸加工企业 200 多家（其中宣纸生产企业只有 14 家），从业人员 15000 多人，年产宣纸、书画纸 6000 多吨，年创销售收入 2 亿元，占全国书画用纸的 60%以上，是全国最大的手工纸生产基地。

传统宣纸和书画纸之间的巨大差异并没有得到广泛认识。例如，韩国在将书画纸等同于传统宣纸的错误观念影响下，韩国民众和书画界很少有人了解传统宣纸，以至于在韩国，宣纸、书画纸、台湾纸和韩纸等四种书画用纸中，宣纸的销售量仅占到其他三种的 1%。而在我国，绝大多数书画家也不能正确地区分宣纸与书画纸。这样，一方面，书画纸极大地挤压了宣纸的市场空间；另一方面，传统工艺和落后的生产方式也严重影响着宣纸的发展。宣纸的生产需几百道工序，在保持固有特色的同时，也因手续繁多、生产周期冗长而导致劳动条件差、效率低，浪费大且成本高。

麦秸秆

有鉴于此，泾县政府不断尝试宣纸产业的突破。自2004年成功申报“中国文房四宝之乡”称号后，宣城市举办多届文房四宝旅游文化节，成立了我国第一个地方性文房四宝行业协会，并创办《笔墨纸砚》杂志，为推动“文房四宝”产业成为先导和优势产业创造了条件。经过时间的检验，有两方面极见成效的重要手段：一方面，通过开辟一条专门用纯传统手工艺的生产线来生产极品宣纸，保持文化的传承；另一方面，开发建设宣纸文化园旅游项目，引进宣纸文化游、工艺游和工业游，带动文化产业的发展。

第三章　细说宣纸

第一节　“宣纸”概念的内涵与外延

一、“宣纸”定名之前的宣纸

虽然“宣纸”一词最早见于唐代张彦远的《历代名画记》，而未见于同时期的其他典籍，但唐代宣州贡纸确有文献依据。《新唐书·地理志》有关于宣州宣城郡辖当涂、泾县、广德、南陵、太平、宁国、旌德诸县，生产贡纸的记载。宣州造纸的历史可以追溯到隋唐以前，而张彦远《历代名画记》中所提到的“宣纸”其实是个模糊的概念，并不完全等于后世说到“宣纸”时所约定俗成的，那种产于泾县、用檀树皮为主原料的高档纸张，而是指“宣州皮纸”，也可以说是“宣州贡纸”。“宣纸”之“宣”指其产地宣州，唐代“宣纸”与“真正的宣纸”概念的差异在于，一是其产地“宣州”未必特指宣州所辖的泾县，二是其原料很可能是楮皮而不是檀皮。

那么，“真正的宣纸”在被确定为泾县出产的、以檀皮为原料的宣纸之前，是叫什么名字呢？

泾县檀皮纸早在明末清初已成为上乘的优质皮纸，但这些“真正的宣纸”在很长时间里并未被冠以“宣纸”之名，而是被称为“泾县连四”“泾县纸”或“泾上白”。明末书画家文震亨在《长物志》卷七

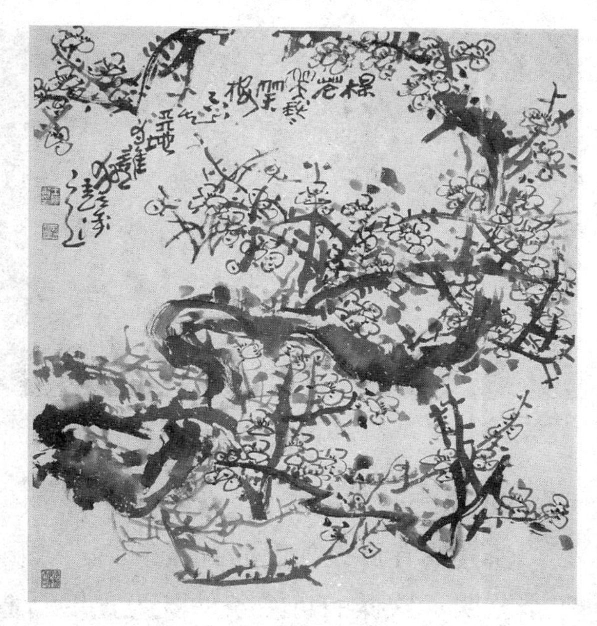
王传贺绘画

评论当朝各种名纸时，特别提到“泾县连四最佳”。沈德符《万历野获编》中说：“此外则泾县纸，粘之斋壁，阅岁亦堪入用。以灰气且尽不复沁墨。往时吴中文、沈诸公又喜用裱褙家复褙故纸作画，亦以灰尽发墨，而不顾纸理之粗，终非垂世物也。”这是说苏州的书画家文徵明、沈周等人都喜欢用泾县皮纸。明末清初的方以智也说：“今棉（纸）则推兴国、泾县。”清乾隆时的周嘉胄在《装潢志》中论装潢用纸料时，极力推荐“泾县连四”，自述“纸选泾县连四，或供单或竹料连四，覆背随宜充用。余装轴及卷册、碑帖，皆纯连四”。同时期的蒋士铨曾作诗《咏泾县白鹿纸》专咏“泾上白”：“司马赠我泾上白，肌理腻滑藏骨筋。平浦江涂展晴雪，澄心宣德堪为伦。”

二、一方水土产一方纸

我国古代手工纸在经过一段时期的发展后，逐步形成了“八大产纸区”（也有人称“十大产纸区”），这些地方的纸业各有特点，如：西北产区以麻纸为首，东南产区以竹纸擅长，安徽产区以皮纸优先。在长期而持续的竞争中，以制造皮纸而闻名的安徽，特别是皖南地区异军突起，其中又以宣纸独占鳌头。

宣纸的历史渊源可以追溯到唐代宣州的贡纸，后世的宣纸主要是

曹氏宗谱

以宣州泾县为主产地，即前面引述《曹氏宗谱》所称，北宋末年，曹大三家族迁徙至泾县小岭一带，共居十三宅。因见山地无可耕土，遂以造纸为生并逐渐发展起来。“泾县小岭十三坑，处处建纸坊”，正是当时繁荣兴盛的写照。

泾县具有得天独厚的自然条件，气候温和，雨量充沛，光照丰富，四季分明，这样的自然条件既为宣纸制造提供了充沛的阳光，又使宣纸原料不至于在暴晒、暴雨、暴冻中风化或腐烂。而在生产宣纸的泾县西南方的小岭一带，除了气候温和、雨量充沛之外，又有特殊的喀斯特山地，尤其适合青檀树的生长，同时，冲积平原则适宜生产长秆水稻，青檀树和水稻秆均为宣纸制造提供了优质的原料。

青檀皮

青檀，又名翼朴，属于榆科，为我国所特有的稀有树种。青檀为落叶乔木，高可达20米。树皮淡灰色，幼时光滑，老时裂成长片状剥落，剥落后露出灰绿色的内皮，树干常凹凸不平；小枝栗褐色或灰褐色，细弱，无毛或具柔毛；冬芽卵圆形，红褐色，被毛。单叶互生，纸质，卵形或椭圆状卵形，长 3–13 厘米，宽 2–4 厘米，边缘具锐尖单锯齿，近基部全缘，三出脉，脉腋有簇毛，或全部有毛；叶柄长 5–15 毫米。花单性，雌雄同株，生于当年生枝叶腋；雄花簇生下部，花被片 5，雄蕊与花被片同数对生，花药顶端有毛；雌花单生上部叶腋，花被片 4，披针形，于房侧向压扁，花柱 2。小坚果两侧具翅，近圆形或近方形，宽 1–1.7 厘米，两端内凹，果柄纤细，较长于叶柄，被短柔毛。

青檀

青檀为阳性树种，常生于山麓、林缘、沟谷、河滩、溪旁及峭壁石隙等处，成小片青檀树林或与其他树种混生。它适应性较强，喜钙，喜生于石灰岩山地，也能在花岗岩、砂岩地区生长，较耐干旱瘠薄，根系发达，常在岩石隙缝间盘旋伸展。它的生长速度中等，萌蘖性强，寿命长，山东等地庙宇留有千年古树。青檀一般零星或成片地分布在安徽、山东、山西、河南、陕西、江苏、浙江、江西、湖北等 19 个省区。由于自然植被的破坏，青檀常被大量砍伐，致使分布区逐渐缩小，林相残破，有些地区残留极少，已不易找到。

青檀木材坚实、致密，韧性强，耐磨损，适宜作为家具、农具、绘图板及细木工用材。而它的茎皮、枝皮纤维，则为制造宣纸的优质主料。

宣纸制造除了青檀皮作主料外，还要按比例配入沙田稻草浆。

泾县的地质构造尤为特别，这里处于河流冲积和冰川冲积的河谷平原。土地主要是由砂砾岩、砾石、砂砾石、细粉砂、中细砂、泥砾、黏土、砂质黏土、淤泥质黏土等组成，它们就是宣纸原材料中沙田稻草生长的土壤基础。这种土地上生产的优质沙田稻草较之普通稻草造纸的成

沙田稻草

浆率高、纤维韧性强、不易腐烂，易于用日光漂白方式提炼白度。

传统宣纸的制作过程极其繁杂，是将上述的原料分为制皮料和制草料两个系列。按照需要，经过浸泡、灰腌、蒸煮、晒白、打料、加胶（加杨桃藤汁）、捞纸、烘干等 18 道工序，100 多项操作，历时 300 多天方可制成。有人把其制作过程浓缩为“日月光华，水火济济”八个字，足见其制作之难。制成的宣纸品种很多。按用料配比不同，可分为特净皮（含青檀皮 80%、沙田稻草 20%）、净皮（含青檀皮 70%、沙田稻草 30%）和棉料（含青檀皮 60%、沙田稻草 40%）三类。

除了青檀皮和沙田稻草，水也是造宣纸的重要材料。泾县境内河谷平原上有大小河流 146 条，溪流密布，为宣纸生产提供了丰富的水源。当地河水一般为弱酸性，适宜作捞纸用水；而取自后山的泉水，却呈弱碱性，适宜作制浆之水。这“一酸一碱”之水系大自然的巧妙安排，可为宣纸生产的不同工序所使用，从而造就出了“纸中之王”。

当地的宣纸专家说，泾县山溪水含矿物成分多，小岭、乌溪等地的水质更是浑浊度为零，所含金属和氯盐少，减少了成品纸的尘埃度，而水质的硬度低则可延长纸的寿命，水温低则可使水中的胶料不容易分解变质。

第二节 宣纸的当代辉煌

一、古宣纸制作技艺走进奥运会开幕式

在2008年8月8日举行的第29届北京奥运会开幕式上，以古法宣纸制作工艺影像为引子，徐徐展开了一幅中国画卷。它告诉人们，当晚的演出将从一幅中国画卷开始。碓房、捞纸、晒纸、“古艺宣纸”展示……长达30秒的画面唯美静谧、大气磅礴，极具震撼力和冲击力，让世界又一次感受到博大精深的中国文化。

在此前一年，第29届北京奥运会组委会运营中心开幕式导演组有关人士就前往宣纸之乡泾县考察。2008年5月初，北京奥运会开闭幕式运营中心一行人来到泾县中国宣纸集团公司中国宣纸文化园进行考察并拍摄，同时向中国宣纸集团公司提出要带原材料和辅助生产工具回京，以便在摄影棚拍摄，用于奥运会开幕式。中国宣纸集团公司领导对此高度重视，并给予大力支持。

2008年北京奥运会开幕式画卷

中国宣纸集团公司为运

营中心准备了檀皮、燎草等宣纸制作的原材料和皮条、纸浆、纸贴等半成品以及捞、晒、剪过程中的辅助生产工具，并派出朱建胜等4名捞、晒、剪的熟练工人专程赴京，帮助、指导运营中心搭建道具并亲自演示，协助运营中心圆满完成了古法宣纸制作影像的录制任务，受到奥组委的高度好评。

借着举世瞩目的北京奥运会，中国宣纸之乡泾县作为中国造纸术的最经典代表，其影响已经遍及全世界。

二、宣纸入选“人类非物质文化遗产代表作名录”

2009年，具有千年历史的宣纸制作技艺被正式列入“人类非物质文化遗产代表作名录”。

在申报“人类非物质文化遗产代表作名录”过程中，如何能够深入浅出地让外国人理解宣纸复杂的制作工艺，是申报过程中遇到的最

宣纸传统制作

大挑战。与此同时，对宣纸制作技艺传承人的活态保护和加大原料基地建设，是宣纸产业保护的重中之重。

2008年之前，联合国教科文组织的“申遗”活动每2年举行一次，每次每个国家只能申报1项。中国入选“人类非物质文化遗产”的只有昆曲、古琴艺术、新疆维吾尔木卡姆艺术和与蒙古国联合申报的蒙古族长调民歌，共计3.5个。显然，这对中国这样的具有5000年文明历史和多民族文化的非物质文化遗产资源大国来说有失公平。幸运的是，从2008年开始，申报规则调整到每年1次，数量也不再限制，同时，申报文本从原来要求的3万字降低至不到4000字，申报片时间要求也降低至10分钟以内。

宣纸文化园

2008年9月，当时的安徽省文化厅相关负责人与中国宣纸集团公司宣纸研究所常务副所长黄飞松到北京参加申报会议。这一次国内申报的项目有35个，竞争比较激烈，一般的申报项目都有专家智囊团队作学术支持，“宣纸制作技艺”项目也不例外，在开完会的当天，黄飞松就带人开始拟订工作计划。

宣纸传统制作技艺有100多道工序，其中原料加工、捞纸、晒纸等工作不仅辛苦，而且在传承中需要传承者心灵手巧，再加上师傅的口传心授与个人领悟、多年习作积累相结合，才能真正掌握。同时，宣纸的多道工序中的技术要求非常高，如果一人独立传承，耗尽毕生精力也很难达到技术要求，而在经济发达的今天，很多人已经不愿意从事这种职业，使这个产业的濒危状况愈加严重，并继续呈恶化之势。

由于时间非常紧，再加上申报材料本身就需要专家指导，按照中国宣纸集团领导的要求，黄飞松等人将申报工作的办公地点从泾县搬到合肥，召集全省的非遗专家，一起商讨申报材料的制作，组建申报片的制作团队。随着申报片制作团队正式组建，困难也才刚刚开始，这个申报片没有电视脚本，没有解说词，所有镜头的选取需要临时构思。经过讨论，他们想从黄山脚下一个美丽传说引出一个传奇的故事，通过这个故事向外国人传达中国的宣纸文化。

此后，他们一直往来于合肥和泾县之间，对每个问题开始了反复的讨论、构思和创作。要让国外的专家们了解宣纸制作技艺，申报材料就不能过于专业化，但对业内人士来说，将片子做得非专业化恰恰并不容易。经过紧张激烈的讨论和多次修改之后，解说词和脚本总算定稿，他们将拍摄地点定在了由中国宣纸集团公司投资兴建的集生产、旅游为一体的宣纸文化园。

在国内，所有材料都是中文的表达，可是要申报到联合国，申报片以及文本就要翻译成英文。他们委托朋友寻找专业的英文翻译，最终找到安徽大学的一位英语老师，他的英文水平和声音都能达到要求。翻译文字没有问题，可是遇到一些具体的词语，比如文本中的踩料工序，翻译时就非常费脑筋，如果直接翻译就达不到效果，交流中就会产生差异，后来经过多次讨论，就直接翻译成蹂躏原料的意思，这样就基本能够将加工的含义加进去，外国人也能够领会其意了。

经过一段时间紧锣密鼓、艰苦非常的辛勤劳动，宣纸申遗的材料上交文化部以及中国艺术研究院非遗保护中心，由文化部统一报送联合国教科文组织总部，进入长达一年的待批过程中。一年之后，中国申报的 22 个项目全部被公布为“人类非物质文化遗产”，当然，其中就包括安徽泾县的宣纸。

三、泾县成为“中国宣纸之乡”

宣纸是泾县的一种祖传手工技艺产品，自唐朝以来，世代相传，技艺永存，成为中华造纸术的典型代表，说它是“国宝”也不为过。现在，宣纸生产已成为泾县四大产业集群之一，地方经济建设的重点骨干支柱产业。2009年，泾县向国家申报“中国宣纸之乡”，在国家委派的由12名专家组成的专家考评组认真实地考察之后，泾县被授予“中国宣纸之乡”特色区域的荣誉称号。

中国宣纸之乡——泾县

泾县是中国传统宣纸制作技艺的发祥地，始于唐代，盛于明清，因地得名，迄今已有1000多年的技艺传承历史。宣纸自唐以来，被历代奉为“贡品”、“御用纸”和“宫廷专用纸”，被历代誉为“纸寿千年，墨韵万复”而驰名中外，曾于1915年首次荣获巴拿马国际金奖。

泾县宣纸于2002年8月，被国家质监局批准为“原产地保护产品”。现泾县共有14家宣纸生产企业获准使用“宣纸原产地保护产品”专用标志。

泾县“红星牌”宣纸曾3次获国家质量管理金奖，被授予“中国驰名商标”“中华老字号”，另有3家宣纸企业获省级“著名商标”称号，3 家宣纸企业获“优质产品”称号，1 家宣纸企业获“名牌产品”称号，4 家宣纸企业获宣城市“知名商标”称号。

泾县宣纸产业中有安徽省工艺美术大师 2 人、中国文房四宝宣纸艺术大师 3 人、国家级“非遗”传承人 1 人、民间工艺大师 1 人、民间工艺师 11 人、安徽省民间文化杰出传承人 1 人、安徽省民间文化传承人 11 人、安徽省传统手工技艺传承人 4 人、安徽省高级工艺美术师 8 人。

泾县宣纸产品近年来在国际徽商大会和全国文博会上获金奖产品 17 个、银奖产品 17 个、铜奖产品 12 个。“宣纸古法生产”摄影作品曾在中国造纸学会举办的首届中国造纸工业摄影大奖赛上获一等奖，多项宣纸产品曾获“国之宝”称号。

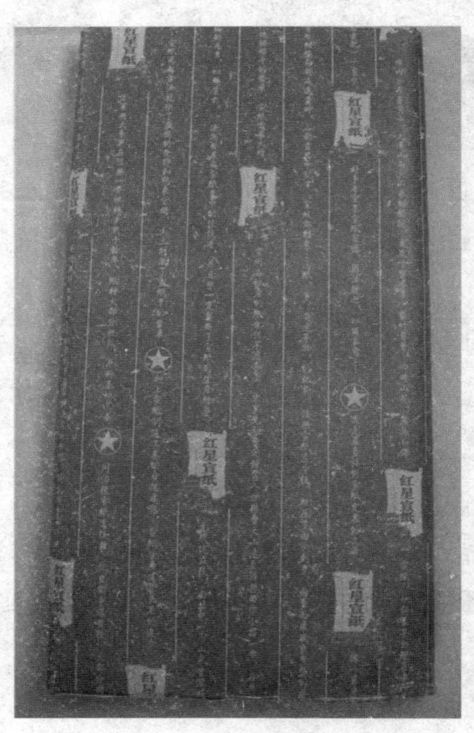

红星牌宣纸

泾县于 2005 年组建宣纸协会，创办《中国宣纸》杂志，开设“宣纸工艺”班，新建了“中国宣纸文化园”“古槽坊宣纸园”。2008 年，宣纸制作技艺首次亮相北京奥运会开幕式，多次在央视节目中播出，在全国形成了一股“宣纸文化旅游热”。

宣纸产业已成为地方主要经济支柱，为泾县四大产业集群之一，历年来受到政府的关注和帮扶。1993 年 10 月举办“国际宣纸艺术节”，2002 年 6 月出台《泾县宣纸书画纸行业管理暂行办法》，2005 年 3 月出台《泾县促进宣纸宣笔产业发展行动计划》。宣纸产业得到健康稳定的发展，在中国宣纸集团公司的带领下，以“红星牌”宣纸为龙头，在传承宣纸技艺的基础上，恢复生产出一批唐宋以来的名贵宣纸珍品，开发研制出一批适应时代文化艺术市场需求的新品种，培养和造就出一批宣纸技艺传承人和抄造能手，展现出一批充满生机和活力的宣纸生产研发企业，涌现出一批宣纸生产的开拓者和管理人才，确保了千年宣纸世代相传、永放光辉。

泾县宣纸

泾县宣纸业目前共有宣纸、书画纸及加工企业 250 余家，年产各种类宣纸 950 吨，年产书画纸 5000 余吨，年产加工产品 500 吨，在全国各大中城市设有专营销售店 300 余处。年销售营业额 3 亿元，年实现利税 5000 余万元，年创外汇 400 余万美元，直接和间接从事宣纸产业的员工达 3 万余人。其产值、利税、销量、出口均创历史最高水平，多年来一直位居全国同行业之首。宣纸销售覆盖全国 100% 的市场，书画纸占全国 70% 的市场份额，并远销东南亚及欧美市场。

第四章　宣纸的工艺

第一节　宣纸的生产

一、宣纸的生产过程

宣纸生产历史悠久，是传统手工纸的典型代表。宣纸以榆科落叶乔木青檀皮和精选沙田稻草为原料，先分别制成皮料浆和草料浆，然后按不同的比例混合，添加纸药（杨桃藤汁）抄制不同品种的宣纸。整个生产过程有100多道工序，主要包括：

1. 皮料制作工序

砍条、蒸料、浸泡、剥皮、晒干、水浸、渍灰、腌沤、灰蒸、踩皮、腌置、踩洗、碱蒸、洗涤、撕选、摊晒、碱蒸、洗涤、摊晒成燎皮、鞭皮、碱蒸、洗皮、压榨、拣皮、做胎、选皮、舂料、切皮、踩洗、淘洗、漂白成檀皮纤维料。

2. 草料制作工序

选草、切草、捣草（破节）、埋浸、洗涤、渍灰、堆积、洗涤、日光晒干成草坯、蒸煮、洗涤、日光摊晒、蒸煮、洗涤、日光摊晒制成燎草、鞭草、舂料、洗涤、漂白成草纤维料。

3. 配料

将草纤维料与檀皮纤维料按一定比例混合，棉料配比是40%皮料+60%草料，净皮为60%皮料+40%草料，特净皮是80%皮料+20%草料，纯皮为100%皮料。再经筛选、打匀、洗涤，制成混合纸浆。

4. 制纸

将混合纸浆配水、配胶（加杨桃藤汁），再经捞纸、压榨、焙纸、选纸、剪纸、包装为成品。

宣纸成品要求达到纸质绵韧、手感润柔，纸面平整、有隐约竹帘纹，切边应整齐洁净，纸面不许有折痕、裂口、洞眼、沙粒和附着物等瑕疵。

二、制造宣纸的主要器具和设施

1. 青檀皮制作

柴刀、蒸锅、挽钩、石滩、选皮台、皮碓、切皮刀、切皮桶、料缸、袋料池、料袋、扒头。

2. 草料制作

钉耙、切草刀、蒸锅、挽钩、石滩、鞭草棍、洗草箩、洗草池、木榨、选草筛、草碓（碾）、泡草池等。

3. 制纸

纸槽、水碗、帘床、纸帘、梢额竹、滤水袋、滤药袋、泡胶桶、扒头、纸板、纸榨、猪毛把、抬纸架、晒纸架、焙笼、松毛刷、额枪、擦焙扫把、检纸台、掸把、裁剪纸刀等。

第二节　宣纸的原料及原料粗加工

宣纸的选料与其原产地泾县的地理有十分密切的关系。因为青檀树是当地主要的树种之一，所以，青檀树皮便成为制造宣纸的主要原料。宣纸的选料同样非常讲究。青檀树皮以两年以上生的枝条为佳，稻草一般采用沙田里长的稻草（其木素和灰分含量比普通泥田生长的稻草低）。

在宣纸制造初期，所用的原料中并无稻草，后来在皮料加工过程中，以稻草填衬堆脚，宣纸技工发现它也能成为洁白的纸浆，之后便将稻草当作宣纸的主要原料之一。而稻草中又以泾县优质沙田长秆籼稻草为最佳，这是因为此稻草比一般的稻草纤维性强、不易腐烂、容易自然漂白，自古便有这样的说法：“宁要泾县的草，不要铜陵的皮。”

宣纸生产

至宋、元之后，宣纸原料中又添加了楮、桑、竹、麻，以后增至10多种。经过浸泡、灰腌、蒸煮、漂白、制浆、水捞、加胶、贴烘等18道工序，历经1年方可制成。在制浆过程中，除了檀皮和燎草外，还需要掺和杨桃藤汁，造纸工人将它叫作药料。

杨桃果实为椭圆体，其维生素C含量在水果中名列前茅，还含有良好的可溶性膳食纤维，可以帮助消化，清除体内堆积的有害代谢物。每年的8—9月成熟，其味酸甜。杨桃藤汁是杨桃藤植物茎皮的汁液，每年9月至次年4月胶汁最好，在檀皮和燎草的纸浆中，掺入杨桃藤的汁液，其有以下3个作用。

一是使植物纤维均匀分散，这样才能使捞出的纸厚薄一致。纤维在水中很容易沉淀，纸浆中的纤维要分散得均匀，必须增加纤维在纸浆中的悬浮度，从杨桃藤中提取出的植物黏液在这里就起到悬浮剂的作用，纸浆中加入了杨桃藤汁，能使纤维分散度增加，均匀地漂浮在水中，从而使捞出的纸厚薄一致，结构紧密。

二是可增加纸浆液体的黏度，增加纸浆在捞纸竹帘上滑动的速度，便于捞纸操作。

三是使捞出的湿纸分张叠放，焙干后便于分张晒纸。

将宣纸的原料青檀皮、稻草，晒干、成垛，放入大锅内蒸煮后，于山坡石头上摊开晾晒，因泾县常年气候温和、雨量充沛，且光照资源丰富，四季分明，所以原料在山坡上自然漂白过程中经风吹日晒雨淋，饱受自然灵气，为宣纸历经千年而不腐烂提供了保障。

青檀树皮

沙田稻草

把晾晒一年的原料收集起来，按适当的比例调配后舂制成浆，是继自然漂白后又一重要的工序。旧时舂料都是人工操作，工具为石制的碓窝或铁制的碓头、木制的碓杆和扶架，采用脚踩式的碓舂方法（也有用水力舂碓的），碓窝里放的是经过蒸煮后漂白的青檀皮或稻草，将这些经过粗加工的原料舂碎后制作纸浆。

潘祖耀在《宣纸制造》一书中，详细列出了青檀皮浆制备的传统工艺步骤：①砍条；②蒸煮；③剥皮；④渍灰；⑤堆积；⑥蒸皮；⑦踏洗；⑧制皮坯；⑨蒸煮；⑩洗涤；⑪撕选；⑫摊晒；⑬蒸煮；⑭洗净；⑮摊晒；⑯鞭皮；⑰洗涤；⑱拣皮；⑲做胎；⑳压榨；㉑选皮；㉒打料；㉓洗涤；㉔漂白。

第三节　宣纸的制作工序

宣纸的制作工序大致可分为 18 道，如果细分，则可超过百道。其中关键环节向来保密，不为外人所知。简单地说，宣纸的传统做法大体经过这样的几步：将青檀树的枝条先蒸，再浸泡，然后剥皮、晒干后，加入石灰与纯碱（或草碱）再蒸，去其杂质，洗涤后，将其撕成细条，晾在朝阳之地，经过日晒雨淋之后变白。然后，把加工后的皮料与草料分别进行打浆，并加入植物胶（如杨桃藤汁）充分搅匀，用竹帘抄成纸，再刷到炕上烤干，最后剪裁整理成张。

皮料和草料加工，是在外面进行。在造纸车间进行的，主要包括这样几个步骤：捞纸、晒纸、检纸、裁纸，最后还有印章和包装环节。

1. 捞纸

宣纸行业把装有纸浆、从里面捞制宣纸的池子叫作槽，捞纸的工作间叫作槽屋。槽屋往往依山傍涧而建，因为造纸离不开水，纸料的沤制、蒸煮、漂洗、打浆和捞纸等，都要借助水的作用。水质的好坏在很大程度上决定着纸质的好坏，造宣纸最好用山泉水，而泾县乌溪、小岭一带的山泉水尤其适宜制造宣纸。离开了这里的水，宣纸也就不成为宣纸了。

溪水中浸泡的青檀树枝

槽有大有小，根据捞制的宣纸

将泡好的青檀树枝捞上来

将捞上来的青檀树枝剥皮

原料粗加工——舂

捞纸

尺寸来定，通常有四尺槽、六尺槽、八尺槽，还有丈二槽、丈六槽。丈六宣纸在古代是最大的尺寸，又叫“露皇”，一般每年生产一次，因为它的需求量小，而生产难度却最大。捞制这样的宣纸，需十几个工人抬着帘子协调动作。近年乌溪宣纸厂生产了一种更大的“两丈千禧宣”，需18位工人师傅协作完成。小一点的槽，一般都是两个人相对站立在横头，抬着一张竹帘在池中捞纸。为主的师傅称掌帘，为辅的工人则叫抬帘。

宣纸的每个制作过程所用的工具都十分讲究。纸帘是捞纸的重要工具，而捞纸是纸浆经抄造成为纸的极关键的工序。纸帘的制作工艺直接影响宣纸的产成品质量。纸帘的制作原料也与泾县的地理环境密切相关。泾县及周边一些地区产一种苦竹，长者可达二丈有余。这种苦竹，笋苦涩不能食用，但是竹纹的纹理直，骨节长，质地疏松，易于剖成竹篾。用此竹涂上漆后制成的竹帘，是捞纸的必

大纸

备工具，叫作纸帘。它不易腐烂、不吃水，且价格低廉。方方正正、中规中矩的帘床以细长的杉木，一个榫头套着一个榫头牢牢地相互固定而成。帘床中间均匀地安插上芒秆，这样的帘床平展、沥水，而后铺上纸帘，就可以捞纸了。捞纸用帘的编织好坏能决定

宣纸质量的优劣，而一些特色品种的宣纸首先从编帘就开始了，如罗纹、龟纹、单丝路、双丝路以及水印纸。

捞纸是制作宣纸的核心技艺和关键工序。捞纸的时候，纸槽的池里注满了水，水里面有纸浆。纸浆是被水稀释了的，像成片的云彩一样弥散在池中。通常情况下，如果到捞纸车间去看一下，会发现两位师傅赤手赤足站在砖地上，共同架着一具用苦竹精编的帘床：首先跨步，从浆池中捞纸；其次荡帘，让纸浆吸附于帘上，让清汤疾速流滤归槽；最后弓腰，把湿纸准确无误、不差分毫地扣在既定尺寸的车板上，摞成厚厚的一沓，再去挤压，揭成一页页纸膜，再去烘干。就这样看似寻寻常常、循环往复的跨步、荡帘、弓腰“三部（步）曲”，却有着很不简单的学问。比如荡帘，不是“抖”，更不是“晃”，如果把握不好分寸，就会厚薄失当，而且稍一倾斜则厚薄不均，整套动作要不偏不倚、又平又稳，在瞬间完成。明代宋应星在《天工开物》中对此就有过总结：“厚薄由人法，轻荡则薄，重荡则厚。”在没有任何量具控制的情况下，如何掌握薄如蝉翼的纸张厚度呢？关键在于纸浆内加入了当地山上野生的杨桃藤汁。这种天然的杨桃藤汁令纸浆浓淡相宜，加上抄纸工匠相互间日积月累的默契

捞制大幅宣纸

捞纸的工具——纸帘

捞纸

配合，抄出的纸张自然均匀一致。

掌帘的师傅担负着纸的厚薄等一些技术性责任，每捞完一张纸，负责将纸拎到纸板上，将吸附于纸帘上的湿纸页随着纸帘技术性地处理成半筒状，无水泡并且均匀地将纸在纸板上舒展开来，而后将柔软细密的纸帘从纸板上轻轻地掀走，将湿纸留在纸板上，继续操作下一张纸。整个动作势如行云流水，一气呵成。抬帘则不同，所做的工作皆围绕掌帘进行，只要帮助完成相互间的配合即可。乾隆贡宣对所捞的纸的厚薄、质地都有严格要求，每一张完美无瑕疵的乾隆贡宣都依赖于操作者多年的经验与默契配合。

2. 晒纸

捞好的纸层层叠叠，像刚出锅的内酯豆腐，到一定数量，就用大木板压上，加上千斤顶，挤掉水分，叫“扳榨”。扳榨后，进入“晒纸”工序。晒纸就是把纸一层层地揭开来，贴在一面烧热的火墙上，热源来自铁板后面的通热水的夹层，热水是在隔壁用柴火加热。火墙竖立着，熟练的手工艺人手持两把刷子，刷毛各有长短，用不了几下就将纸稳稳地贴在火墙上了。烘干后，要一层一层地剥离纸张，这个工序尤见功夫，不小心就会把手烫伤。

晒纸

乾隆年间贡宣的晒纸工艺也极为讲究，土焙笼是用手工一遍一遍和泥在青砖上抹成，一天只能烘二三百张宣纸，土焙笼每用上半年就要重修。刷纸之前为了保证揭纸更顺畅，需要不时地在墙上涂抹米浆，温润的土墙比铁焙笼更好地保证了纸柔韧的质量。每张贡宣薄如蝉翼，在熟练的手工艺人的刷子下，都会从柔若无骨变得坚韧有余。师傅熟练的“二把刷子”把水泡从中心点很均匀地向纸张边缘挤压，一张舒展的纸每处的质地都和工人用刷的力度密切相关。下手的轻重、时间的间隔必须把握好。

3. 检纸

检纸就是把在晒纸房焙干的纸运到纸台上，由工人一张一张地翻看，检查质量，如果遇有破损或者瑕疵，要立刻抽出来回槽重制。经验丰富的检纸师傅，通过一刀纸就能看出各道工序的工作质量如何，所以能时常给各个工段改进工艺、提高质量提出意见。

检纸

乾隆年间的贡宣，检纸一关更是十分严格，在熟练的老师傅眼皮底下，任何一张有细微瑕疵的宣纸都会回笼返工，以保证每张宣纸都能让使用者得到完美的书画体验。

4. 裁纸

剪裁宣纸的工具不是通常印刷厂和造纸厂所用的切刀，而是一种特制的大剪刀。裁纸者所用的剪刀被他们戏称为“天下第一剪”。剪裁只是俗称，具体的做法是把纸张在桌子边缘码齐了，手持大剪刀快速地推过去裁掉多余的纸边，快速地推动保证了纸张叠合边缘没有剪裁带来的“粘黏”，充分保证了纸张边缘的光滑。

5. 印章及包装

印章的过程很有仪式感，宣纸的选料、配料、制作过程、规格、档次，甚至使用结果都在这里有了指引性的标注。厚薄是多少，是单

印章

宣、夹宣、二层宣还是三层宣？规格多大，是四尺宣、八尺宣、丈二宣、丈八宣还是少见的二丈宣？纸纹是何模样，是单丝路、双丝路还是龟纹、罗纹？选料是棉料、净皮、特种净皮还是纯皮？繁多的样式和工序在印章中一一标明，几道印章手工印下，既是每个工种付出辛劳的证明，也是最后把关的师傅对使用者的承诺。

经过印章后进行包装，宣纸就要打包入库，等待着运往海内外的销售地了。

通常同样品质的大幅的宣纸比小幅的宣纸在价钱上要高出很多，完全不是按面积的比例定价钱高低。当了解了宣纸的具体制作工艺之后，这个问题就容易解释了。

所谓“大幅”宣纸，一般是指丈二、丈六匹，小幅则是指四尺、五尺的宣纸。在文化用品市场上，丈六匹的单张售价是几百元人民币，而四尺单张只卖几元钱，两者相差百倍左右，而且丈六匹宣纸还经常断档，往往需要事先预订才能供应，四尺宣纸则随时都能充足供给。

抄造这两类宣纸也是有较大差别的。抄制四尺、五尺宣纸，一般只需两个人，一个抬帘，一个掌帘，通常抬帘的是徒弟，掌帘的是师父。而抄制丈六匹则需要多人，往往是十几个师父级别的人一起合作才行。要抄制多大的宣纸，所用竹帘必定比纸面要再大一些，才能使纸浆均匀地交织在帘上；而放入竹帘的纸槽，其长、宽尺寸还要再大一些。在抄纸工作间里，四五尺槽一字排开，连同抄纸师傅等工作人员占用的地面和空间是有限的。而抄造丈六匹时，情况就完全不一样了。首先，要选择一个宽阔的场所，采用大横木、木销插、斜顶杠等部件来装配大纸槽，并要求各边封严，防止槽边渗漏。其次，在调匀浆料后，根据掌帘的号令进行颠、荡、漏数次，务使纸页匀称。此时的动作必须协调，听从指挥。再次，翻倒竹帘，轻轻揭起，积成大豆腐块似的纸帖。抬帘者必须小心，稍有闪失便前功尽弃。最后，经过压榨后的纸帖（又称纸饼）应保持一定的湿度，过高过低都不妥。再分开纸页，由数人将潮湿的薄纸提在手里，贴到火墙上。这时，要全凭感觉把握住纸页的强度，搞不好会把湿薄纸弄破。

有些来参观的外国造纸同行看了之后瞠目结舌："怎么能把这样大的湿纸用手揭起来而不破？怎么把它摊开来而不打褶？而且，又怎么能让它干了之后变得平平整整？"其实，手工绝技就在于能够干出平常人干不出来的活儿。抄造丈六匹不仅要求这些师傅具有高超的技艺，而且还要求十多个人协同合作，形成操作"一体化"的群体，其难度可想而知。

成刀包装的红星宣

由于大幅宣纸抄造的工艺要求高、难度大，而且投资多，成品率又相对较低，造纸厂通常尽量少安排生产，这样就导致了供货少、价格奇高的结果。

第五章　宣纸的分类与辨识

第一节　宣纸的分类方法

一、按加工方法分类

按加工方法分类，宣纸一般可分为宣纸原纸和加工纸。

宣纸在经过最后一道“烘焙”的工艺之后，纸性（主要指质量好坏及着墨受色效果）基本已经确定了，这种没有进行影响纸性的后续加工的成品纸，即为宣纸原纸。

原纸

在原纸的基础上进行改变纸面性质、外观视觉效果等再加工的纸，即为加工纸。如经过印刷、过矾、打磨之类，都属于再加工的范围，而仅做尺寸大小的裁剪则不属加工之列。

二、按纸面洇墨程度分类

按纸面洇墨程度分类，宣纸分为生宣、半熟宣、熟宣。

生宣

三、按原料配比分类

按原料配比分类，宣纸可分为棉料、净皮、特净三大类。

一般来说，棉料是指原材料青檀皮的含量在40%左右的纸，较薄、较轻；净皮是指青檀皮的含量达到60%以上的；特净皮是指青檀皮的含量达到80%以上的。

皮料成分越重，纸张越能经受拉力，质量也越好。在使用效果上表现为：檀皮比例越高的纸，越能体现丰富的墨迹层次和更好的润墨效果，越能经受笔力反复搓揉而纸面不会破。这或许就是为什么书法用棉料宣纸的居多、画画用皮料纸居多的原因之一。并不是不能用净皮、特净皮纸写字，而是棉料宣纸已经基本能够满足书法的需要，除非书写者的书法风格需要在同一个地方用笔反复涂抹、搓揉。书画界普遍认为：用于书法，棉料比净皮效果好；用于绘画，净皮要优于棉料，而画山水画以特净为最优，因为耐皴擦和多次积墨。

四、按规格分类

按规格分类，宣纸可分为三尺、四尺、五尺、六尺、八尺、丈二、丈六多种规格。

五、其他分类方式

按宣纸的厚薄分类，可分为扎花、绵连、单宣、重单、夹宣、二层、多层等。按宣纸的纸纹分类，可分为单丝路、双丝路、罗纹、龟纹、特制等。

第二节　生宣、熟宣与半熟宣

一、生宣、熟宣与半熟宣的特点

按纸面洇墨程度分类，宣纸分为生宣、半熟宣、熟宣。这也是最常用到的分类方法。

生宣是没有经过加工的宣纸原纸，吸水性和沁水性都很强，易产生丰富的墨韵变化，施用泼墨法、积墨法，能收到水晕墨章、浑厚华滋的艺术效果。画家作写意画多用它。生宣作画虽多墨趣，但落笔即定，水墨渗沁迅速，不易掌握。尤其是用淡墨水写、画时，墨水容易渗入、化开，用浓墨水则相对容易。故创作书画时，需要掌握好墨的浓淡程度及行笔速度，方可得心应手。生宣的品类有夹贡、玉版、净皮、单宣、棉连等。

熟宣是加工时用明矾等涂过，所以纸质比生宣硬一些，吸水能力弱，使用时墨和色不会洇散开来。其缺点是久藏会出现“漏矾”或脆裂现象。熟宣可再加工，珊瑚、云母笺、冷金、洒金、蜡生金花罗纹、桃红虎皮等皆为由熟宣再加工的花色纸。熟宣失去了生宣的吸水性和沁水性，宜于绘工笔画或书写蝇头小楷，而不适用于水墨写意画。熟宣主要有以下几种：

蝉翼——纸质很薄，撒有细细的云母；

云母——用净皮加工的熟宣，撒有云母；

冰雪——较云母厚些的撒有云母的宣纸；

清水——没有云母的熟宣。

半熟宣也是由生宣加工而成，吸水能力介于前两者之间，煮椎宣、玉版宣即属此一类。另外，用生宣制作的洒金、洒银宣也是半熟的。由于要将金、银颗粒黏固在宣纸上，需要在纸上刷胶，这层胶也不同程度地破坏了生宣的吸水性，使其具有半熟的特性。

煮捶法

把二至五张宣纸叠平，正面（光滑的一面）朝下，平放在台板上，台板一头垫高，便于泄水，用开水淋煮三四遍，吸干晾燥，再用砑石在背面研光，为煮捶宣纸法。

二、宣纸为什么能够“墨留水走”

专家经过对宣纸作内部结构方面的分析，得出结论：古法造纸的纯手工技法，几乎没有对材料进行化学方面的破坏，只是用各种物理手段（充其量也只是自然界的化学反应）来对原材料进行处理，实质是剔除了材料中易腐烂霉变的淀粉、油脂等一系列营养物质，主要保留了纤维成分。纤维在剔除那些易变异的营养物质之后，变成了中空、圆形的管道状，檀皮的长纤维缝隙间再用燎草的短纤维补充，这样就使宣纸具有了让墨汁、水可以均匀渗透、发散的效果。这可以解释“墨留水走”的现象。

前人发明的煮捶法，实际就是将“管道”煮烂、锤扁，弄得密实，因而达到了使宣纸少渗透、少发散的效果。当然，当代的煮捶宣已经很少用这种方法，而改用矾水等液体来直接对纸张施染，最后去除或部分去除纸张的洇墨特性。其不足之处，是这种加工的方法改变了纸性，使得加工后的宣纸性质变得不再稳定了，在时间稍长或环境很差的情况下，纸张会慢慢出现“漏矾”“脱矾”甚至霉变的现象。

生宣的吸水性和沁水性都很强，易产生丰富的墨韵变化，为写意

明矾

画家所乐用。熟宣因用矾水加工过，水墨不易渗透，画家可在上面作工整细致的描绘，可反复渲染上色，适宜画青绿重彩的工笔山水，表现金碧辉映的艺术效果。熟宣作画容易掌握水墨，但也容易产生光滑、板滞的毛病。生宣作画虽多墨趣，但落笔即定，水墨渗沁迅速，不易掌握。所以，画山水的画家喜用半生半熟的宣纸，因为它既可以产生墨韵变化，又不过分渗沁，皴、擦、点、染都易掌握，可以表现复杂丰富的笔情墨趣。当然，一些有经验的画家也可以自己用生宣来加工成半熟的宣纸。所用方法是：用少许明矾溶入冷水中，用排笔蘸水均匀地刷在生宣上。注意要刷满，不可有漏痕。矾水的浓度决定宣纸的生熟程度，刷前可蘸点矾水在舌上尝一尝，有轻微涩味即可，若过涩，刷过之后的纸就成熟宣了。宣纸湿后极易破裂，所以，刷矾水之前可用旧报纸垫在下面，刷后连同报纸一起揭下晾干。

第三节　宣纸的辨别

一、如何辨别宣纸的质量优劣

宣纸之所以备受书画家的青睐，在于它具有其他纸类无法相比的润墨效果。宣纸采用特殊的工艺和特殊的原材料制作而成，具有吸附

墨粒和扩散墨液的效果，特别在使用毛笔书写的古代，宣纸使用范围仅限于上流社会。因为宣纸的生产周期太长，造价昂贵，产量根本无法满足全社会的需要。

宣纸的润墨效果主要体现在：（1）润墨均匀，无论是重写还是轻描，都能显出清晰的层次，画家在画山水的时候，这种“墨分五色”的层次感凸显得尤为明显。（2）几笔相交，均留笔痕；笔痕交叉处，浓淡有致，能充分展示画的意境，使作品产生立体效果。浓墨乌而鲜艳，淡墨淡而不灰，书法家在宣纸上笔走龙蛇，不论是作一气呵成的草书，还是一丝不苟的篆楷，都能随心所欲，挥洒自如，充分体现出艺术的妙味。

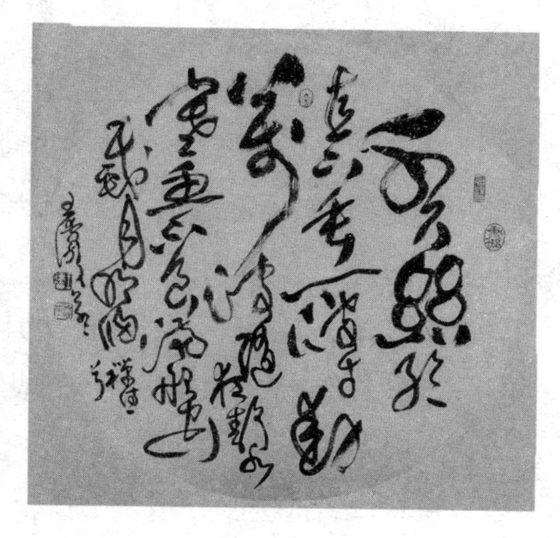

王传贺书法

此外，宣纸在着墨后，由于自身的青檀皮纤维分布均匀，不含杂质，从而不变形、不起拱、不起翘，具有稳定性。宣纸的耐久性也是由自身的原材料特性所决定的。原因是原材料经过反复的石灰浸渍、蒸煮和长时间的日光雨露漂白后，化学反应趋于稳定，青檀皮和燎草中容易产生质变和虫蛀的木质已被消除。青檀皮的坚韧纤维使得纸张坚固而耐久。现保存完好的历代书画艺术珍品、古籍、文献、印谱，历千年而不腐，就是宣纸“纸寿千年”最好的佐证。

宣纸的产地很广，品种较多，纸的质量却优劣混杂。对于宣纸的质量优劣，有以下几种鉴别方法。

1. 手触法

用手触摸纸面，佳纸必是手感柔软而不滑，无粗糙感，纸的厚薄均匀。反之，纸的质量不优。

2. 耳听法

揭起一张纸，以手掀动纸张，发声细柔者佳，脆声者劣。

3. 目测法

仔细观察纸面，如平整细匀，无颗粒状，逆光透视无杂质，色白纯正者为佳品。

4. 水试法

以清水之笔或以手蘸唾液点触纸面，如吸水迅速（即纸被立即浸透），并且所浸边缘清晰整齐，如一线环之感，便是纸质优良的特征。如果水触纸后，纸张沾水处有麻白点，再略候稍许，方才浸透。且浸渍边缘不光，呈犬牙交错之形，便是纸质较劣的特征。这种纸的纤维中加了纸花，水墨一经落纸，其色必灰，绝不可能获得浸润效果，即便不是作书作画，只是用于托裱绫、绢和覆褙，也会使画幅起瓦形。

5. 火烧法

撕下一小块纸，用火烧后，其纸灰呈灰白色软化的，属优质宣纸；如燃过之后，纸灰泛白而夹有墨色的斑块并起壳，则属劣质宣纸。

覆褙

6. 比较法

将两张不同厂家的生宣纸小样张并排铺在画毡上，在接缝处用淡墨从这张纸画到另一张纸上，稍等一会儿，再靠着第一笔边上画同样的第二笔，可以看出清晰层次者为优质宣纸，否则，说明纸质不好。

7. 水浸法

将生宣纸裁成适当大小，装入带盖的玻璃杯中，再加入 4/5 的清水，盖上盖，用力上下摇晃，然后看纸张的破碎程度，易碎的为劣质宣纸，未碎或略碎的则为优质宣纸。也可将两张不同厂家的宣纸，放在同一杯中同时比较，对比效果会更为明显。好的宣纸遇水后有丝绸样感觉，且不易破碎。

二、如何分辨生宣和熟宣

辨别生宣和熟宣，可以采取用眼睛观看和用水检验两种方法。

从表面看：生宣绵软，熟宣脆硬。生宣纸质的柔韧性十分突出，将生宣捏在手中，手感很柔软。

借助水来检验有以下两种方法：

一是将水滴在宣纸上，落在纸面上的水滴逐渐向四周扩散的就是生宣，而水滴落在纸面上没有立即扩散或基本不扩散的就是熟宣。

二是用舌头舔一下，有明矾味道的是熟宣，没有这种味道的是生宣。

三、如何辨别宣纸与书画纸

20 世纪 80 年代以来，价格相对较廉的书画纸出现。书画纸的主要产地为浙江富阳、广西都安、四川夹江、河北迁安和安徽泾县。起初的书画纸原料五花八门，有龙须草浆、木浆、竹浆、废纸浆等，书画纸的质量参差不齐；逐渐地，书画纸采用由湖北、河南两地所产的龙须草浆作原材料。到 2010 年前后，仅泾县一地的书画纸年产量即逾 5000 吨。

提起宣纸和书画纸，大多数人认为：宣纸是一种价格昂贵的高档书画用纸，书画纸是一种价格低廉的普通书画用纸；宣纸一般用来作书画创作，书画纸是书画初入门者的练习用纸。它们的共同点是具有吸墨性。除此之外，人们对二者的实质性区别就所知不多了。一些不法厂商为牟取利润，将低档书画纸盖上宣纸印记，用来蒙骗消费者。由于缺乏这方面的知识和分辨能力，不少消费者因此上当受骗，正常的市场经济秩序也遭到破坏。

从根本上来说，书画纸只是一种具有润墨特性的普通纸张。无论它的原料成分，还是制作工艺、使用效果和宣纸都不可同日而语。书画纸与宣纸虽有类似之处，但二者之间存在着本质的差别，主要有以下几方面。

1. 原料成分不同

宣纸的原料结构是青檀皮和稻草（青檀皮属长纤维，稻草属短纤维），这种原料配比已沿袭近千年，至今也不曾改变。而书画纸的原料不讲究长短纤维的搭配，采用的原料有龙须草、构树皮、竹浆等。

龙须草

2. 制作工艺不同

宣纸的制作过程分为两个阶段：原料制作和纸张制作。

第一阶段是原料制作。原料生产的特点在于：生产周期长，檀皮和稻草要用山泉水浸泡，经浸渍、蒸煮、拣选、摊晒等过程，再加上日晒、雨淋、露炼、漂白等自然天成之功，利用自然的影响剔除原料中的蛋白质、淀粉等有机成分，仅此一项就需 8—10 个月时间。可以说，宣纸的独特就在于它原料的独特。第二阶段是纸张的制作工艺。自人类有了植物纤维造纸以来，一直保持着用竹帘过滤抄捞法进行捞纸，用火墙烘烤、人工揭贴的烘干法晒纸，检验时逐张目测手检。在制作超大规格宣纸时，其场面更为壮观。

而书画纸的制作过程简单多了，首先是选料简单，制造过程只有两三天，其中的强化漂白使纸中仍含有大量的有机成分，根本经不起岁月的长期考验。

3. 使用效果不同

在宣纸上，无论是重写还是轻描，都能显出清晰的层次，几笔相交均留笔痕，笔痕交叉处浓淡有致，能充分展示书画家笔墨的功力。宣纸在着墨后，由于自身的青檀皮纤维分布均匀，不含杂质，从而不变形、不起拱、不起翘，具有稳定性。书画纸由于原料结构和制作的差异，润墨效果远不如宣纸。

4. 保存时间的不同

书画纸与宣纸在纸的抗老化及耐久方面相差太大，其保存寿命只有数十年，如果保管不当，甚至更短的时间就会褪色、虫蛀。一些书画家和书画收藏家发现，有些用书画纸创作于20世纪80年代中期的作品，只过了20年左右，就已经面目全非，褪色严重，周边遭虫蛀，墨色也已发灰。

四、如何鉴别古纸

明清以来，生产了大量高档艺术加工纸。这些纸张原料讲究，制作工艺精良，花色品种繁多，大部分是御用专用纸。这些装饰形式美、有极高艺术价值和实用价值的纸随着明清赏玩珍藏之风的高涨，为人们渴望与珍爱。由于书画收藏热的兴起，古纸的鉴定与拍卖也应运而生。出于市场投机的需要，有些人为了牟取暴利，刻意作伪，以假造的“古纸”扰乱古物收藏市场，给收藏者、书画家造成了一定的损害。

对古纸的鉴别一般从3个方面着眼。

1. 看帘纹

帘纹即宣纸中那一条条平行的暗直线纹。宣纸的制作工艺和流程大同小异，帘纹是造纸过程中“抄纸”工艺的体现，各地造纸业抄纸所用的竹帘长短、宽窄尺寸不一，在纸上形成的帘纹宽窄也不同。经验丰富的鉴定专家可以根据古纸上的帘纹判断出该纸的产地和性能，甚至包括生产制造的年代。

2. 看纸色

不同时代、不同产地制造的纸张，颜色不同。古纸因年代久远而呈现出灰暗的颜色。人工做旧的古纸通常都经过染色和烟熏。经过染色的纸，颜色鲜丽而不沉，表里不一，而真正古纸的灰暗颜色是长年累月自然形成的，灰得均匀。经烟熏做旧的纸，粗看似旧的，细察可发现其带有焦褐色，不同于古纸的暗灰色，且纸质变脆，易碎裂。

3. 看裂纹

因折叠受到损伤的古纸，其裂口的明暗色泽以及裂纹走向与新纸反复折叠所出现的裂纹，具有明显的不同。如厚型古纸碎裂成小块，裂纹是斜向的，而作伪的厚型古纸则往往碎裂成大块，并且裂纹是呈笔直向的。

掌握了古纸的鉴别方法，对鉴别古代书画作品和古代版本书籍的时代、真伪都非常有好处。我国许多珍藏千年的书画墨迹，均因用宣纸制作而保存至今，所以在鉴别古纸的同时，也要对书法绘画的时代、风格特点以及名家名画的不同风格进行学习、鉴赏，这是不可缺少的一课。

五、如何选择自己适用的宣纸、书画纸

书画家或书画爱好者要选择自己使用的宣纸，除了价值的因素之外，在质量的选择上应注意以下几个方面。

1. 质地柔韧厚密

对书画来说，纸张的质地最重要，质地不佳的纸既容易损笔，又不易保存。古今名纸，莫不以品质见称，纸质坚韧紧密者最佳，选择时用目测就可以确定。

2. 色彩洁白

纸如果不白，就是原料不好或水质欠佳，都算不上是好纸。洁白

无比的玉版宣以檀木为原料，蜀笺则“以浣花潭水造纸”，都是实例。如果是染色的纸，也要原纸精纯洁白，才是佳纸，但染色之纸不易传久。

3. 表面光涩适中

纸的表面有光滑和粗涩之分，光滑的纸易于行笔，如果过于光滑，则会使笔轻拂而过，使作品无笔力可言；如果纸面粗涩，则易得笔力，但过涩则难于施笔，易损笔锋。在光滑与粗涩之间，不同的书画家都有自己适合掌握的度，选购纸时可凭视觉与触觉分辨。

4. 吸墨适度

纸须能入墨方佳，否则墨浮于纸表，易于脱落，不能久存。一般而言，宣纸类吸墨较强，笺纸则较弱。吸墨太强，如果运笔稍慢，会使点画俱成墨团；如果吸墨性太弱，则墨不易入纸，亦非所宜。所以，择纸时要考虑到所写书体及个人书画时的运笔速度，要以墨汁能入纸但不成“团”为佳，选购时如果允许用笔试，便不难挑选到自己适用的纸。

5. 根据碑帖择纸

临摹碑帖，如果要求形似神肖，不仅要选择好笔，用纸也需要精心挑选。择纸需先辨其吸墨性，视真迹的用笔入纸程度而定，入纸多则选用强吸墨纸，反之便选较弱者。如果无法窥知原作的入墨实况，如面对拓片进行临摹，也可就其风格分辨依据，锋芒显露、神采奕奕者，可选用笺纸类；温润含蓄、风华内敛者，则可选用宣纸类。

6. 依个性选择纸

个人的喜好也应该考虑，这可以凭个人经验来作为选择标准。另外，运笔疾者，宜选强吸墨纸，墨水方能入纸适宜；行笔迟缓者，可选弱吸墨纸，不致使墨团积在纸上而影响作品的整体美观。

第四节 收藏宣纸应注意什么

欧阳询

“有钱莫买金，多买江东纸，江东纸白如春云。”这是宋人关于当时宣纸收藏的名句。收藏宣纸自古有之，只不过没有像收藏瓷器、玉器和字画那样具有规模和人气外显。

自唐朝以来，文人雅士就与宣纸结下了不解之缘。无论是欧阳询、颜真卿、张旭、李伯时等书画大家，还是南唐后主李煜、明代的世宗和高宗皇帝，都对宣纸爱不释手。宣纸生产的历史上也出现过众多的品牌，到民国初期，最多时有 72 个宣纸品牌。据不完全统计，现在的宣纸品名有近百种之多，宣纸收藏作为一个冷僻的门类，随着收藏市场的升温，正开始进入一些收藏者的视野。

与一般意义上的古物收藏不同，宣纸的收藏不仅体现在藏品自身的历史价值和文化价值上，更体现在它始终蕴含着的实用价值上。宣纸的实用价值随着收藏时间的延长而与日俱增，因为上乘的宣纸在存放过程中，通过不断地吸附水分和相伴随的干燥变化，品质会更加独特，润墨染色会收到神奇的效果。

传世的宣纸精品往往是在“寓藏于用”中得以保存。比如，南唐后主李煜酷爱诗画，他主持特制的“澄心堂纸”十分精美，自南唐以后代代视为珍品，身价百倍。也正是由于宣纸收藏“寓藏于用”的特点，宣纸收藏市场一直是一个冷门，历史上古旧宣纸的交易往往可遇而不可求。史料载，清朝琉璃厂有少量古旧宣纸面市，是在“文房四宝”之列，而崇文门外的“鬼市”上也可以寻觅到南纸、宋纸，买者不是为了自用，而是为求大家书画所用，当然也有人是为了书画作伪而购买。目前市场上清朝以前的名宣纸已经基本绝迹，就是清初的“清水加重冷金”纸、“淳化宣御制笺”和清代康熙年的“高丽纸”、乾隆花纹笺、清中期的“玉版宣”、清末“露皇宣”等也成了稀罕之物。这几年在拍卖会的预展上偶尔能见到的宣纸大都是晚清及民国年间的产品。

从20世纪90年代开始，宣纸收藏与交易活动逐渐增多，而且呈现出持续升温的态势。不仅清朝、民国年间的名宣纸卖出了“天价”，就连20世纪40年代至20世纪七八十年代的宣纸精品的价格也扶摇直上。中国宣纸集团公司的前身——安徽泾县宣纸厂20世纪70年代为国画大师李可染定制的“师牛堂”纸，在拍卖会上达到了每刀10万元以上的价位，即一张纸在1000元以上。即使是六七十年代的普通宣纸，增值幅度也近百倍。

近年来，随着人们对宣纸陈纸认可度的不断提高，除去一些特定限量版的品种以外，一些存放年限较足（业界默认的期限是5年以上的即可称为“陈纸”）的宣纸价格亦呈逐年上涨趋势，受到一些收藏家的青睐，这种纸品种稳定而安全，大有发展成为新的投资渠道之势。然而，并非所有的宣纸都是搁放的年头越长越好。比如，熟宣和半熟宣由于泡过矾水，久藏会出现“漏矾”或脆裂现象，质量反而会下降。所以，如何选择宣纸作为收藏，还需对宣纸制作工艺、品种特性有一定的了解。

一般来说，某种藏品在其市场初兴之时，是藏友入手的最佳时机。

宣纸藏品由于具备独特的使用价值，所以越陈越珍。但是，由于宣纸收藏市场的特殊性，如何慧眼识珍便成为最关键的问题。综合宣纸产品的质量特色、书画界的认可程度和专家方面的意见，宣纸收藏主要需注意以下三个问题。

1. 收藏的宣纸要正宗

长久以来，全国各地出产的宜于书画的纸张都泛称“宣纸”，而实际上古代的宣纸最初是特指产于古宣州即今安徽宣城市境内的纸张。进入 21 世纪之后，国家已对宣纸进行了严格的“原产地保护”，在国家标准 GB18739—2002 对宣纸的定义中规定，宣纸是“利用产自泾县及周边地区的沙田稻草和青檀皮，在泾县范围内，用泾县特有的山泉水以及传统工艺精制而成；供书画、裱拓所用”。因此，收藏宣纸虽然不能完全排除收藏其他地区所产的纸张精品，但在根本上说，还是要收藏原产地保护的产品。

2. 收藏宣纸要注意品种

宣纸品种有棉料、净皮、特净皮三大类。规格有四尺、五尺、六尺、七尺、八尺、丈二、丈八等，又有单宣、夹宣等区别，还有生、熟宣之分，另外还有经过成纸之后二次加工的冷金宣、虎皮宣、云母宣、煮捶宣等品种，像市面上比较珍贵的“蜡笺”、“粉笺”、“粉蜡笺”、“彩色粉笺”或“彩色粉蜡笺”以及“洒金”“描金粉蜡笺”等都属于深加工产品。为了保证收藏的稳妥和升值空间，选择品种要以书画界人士的使用喜好为标准，尽量收藏特种规格的品种。

3. 收藏宣纸要注重特色

目前宣纸每年的产量仅有 600 多吨，由于受特殊的原材料和工艺限制，大幅度增产几乎没有可能。从寻求更大升值空间考虑，收藏者在收藏普通宣纸的同时，应该把重点放在批量小、有主题的特种纸上，尤其是企业为重大题材生产的各种纪念纸。比如，1999 年，中国宣纸集团公司生产的“红星牌”建国50周年纪念纸，当时售价为每刀980元，仅过了五六年时间，市场价格已超过了每刀3000元。

第五节　如何妥善保存宣纸

宣纸本身具有较高的抗虫性，但并不是说宣纸绝对不会受虫蛀，而指的是宣纸对害虫的抵抗能力很强；但是，在害虫滋生条件很好的情况下，宣纸也是会生虫的。

根据原北京轻工业学院刘仁庆教授主持的实验，在60天的保存期内，黑皮蠹虫和花斑皮蠹从第10天开始蛀蚀纸样，依次的顺序是新闻纸、铜版纸、铜版原纸、书写纸，从第19天才开始攻击宣纸。实验表明，在所有的纸张中，宣纸具有一定的抵抗病虫害能力，但是宣纸在装裱过程中，浆糊的使用令宣纸抗虫能力下降，加之害虫种类繁多、食性杂，除石质、金属文物外，几乎无孔不入，所以防治不力便会造成重大损失。

书画家或者书画爱好者存放一些备用的宣纸几乎是必需的。由于宣纸会受到空气相对湿度、空气中酸性物质、空气中的油烟粒子和灰尘、光照和湿度、虫蛀、鼠咬、意外玷污等因素的影响，所以，宣纸保存不妥便极易受损，影响使用效果。那么，怎样才能保存好这些备用的宣纸呢？下面介绍几点存放宣纸应注意的事项。

（1）成包的宣纸采用“三折式”包装。平放在架上或箱内，切勿竖放。单张的宣纸宜采用卷筒式插在画筒里或堆在橱柜里，外面要用包装纸或塑料袋包好。放置的位置不可受到阳光直射，以免导致宣纸变形变脆。

樟脑丸

（2）注意防火和防水。宣纸要远离水源和火种，最好不要一边抽烟喝水一边搬弄、取放宣纸。如有条件，存放宣纸的空间温度控制在 14℃—18℃；相对湿度控制在 50%—65%。

（3）宣纸的保存一般来说不需要刻意防虫，但是也应该尽量不要让宣纸处在利于害虫滋生的环境，比如要保持存放环境的整洁、远离污染源、定期检查等。

放樟脑丸也是一种方法，但是因樟脑丸对环境有很大的污染，现在有一种植物叫“灵香草”，用塑料袋装一些和宣纸保存在一起是首选。要注意的是，不要让这些驱虫的东西直接触及宣纸。

（4）生宣和熟宣不要叠放在一起，要分箱存放。熟宣最好不要大量存放，应随用随买，以免存放太久会出现脱矾等现象。

（5）不要长时间用强烈的灯光照射，或受到阳光暴晒。

（6）宣纸存放中还要注意防潮的问题。宣纸特别是生宣，吸水性比较强，如果暴露在空气中，容易吸收空气中的水分，也容易沾染灰尘。防潮的方法是用防潮纸包紧，放在书房或房间里比较高些的地方。天气晴朗的日子，打开门窗、书橱，让书橱里的宣纸吸收的潮气自然散发。这样的晾纸方式一年中进行一两次即可，防止宣纸吸收了过多的水分而长霉点。如果因保存不当导致宣纸受潮，不要日晒，只要解开包裹宣纸的防潮纸，让宣纸在空气中自然挥发水分就可以了。如果日晒，将会影响宣纸的寿命和性能。

第六章 宣纸与书画

第一节 生宣特性在传统书画中的利用与发挥

与熟宣相比，对书画家来说，生宣在以下几方面更具优势。

1. 柔韧性

生宣纸质的柔韧性十分突出，将生宣捏在手中，手感很柔软，用毛笔在生宣纸面上书写，能够体验柔韧十足的感受。在生宣上创作作品，作品完成后，待墨迹干燥，即使将写好的作品任意团揉，经过装裱处理后，书画作品依旧呈现平平展展的视觉效果。为此，宣纸书写后存放方便，携带方便，写好画好的作品可以折叠成很小的形状装入信封邮寄给他人，作品到了收件人手中，只要请装裱师装裱后，就可以悬挂在房间里作为艺术品来欣赏。

装裱后的卷轴

装裱后的书画作品陈放年代久了，出现陈旧或残缺现象后，装裱师可以将陈旧作品的画心从装裱的绫和纸上揭下来，然后重新装裱，可使作品的外观焕然一新。

2. 湿染性

专家在生宣纸上滴水后，水滴逐渐向四周扩散开来的现象称作湿染性特性。生宣具有的湿染性由水的特性引发，用淡墨书写产生的湿染性现象比较明显，用浓墨书写产生的湿染性程度相对减弱。不同的生宣纸显现的湿染性程度也有差异，这种湿染性运用在国画创作上可以增强韵味和层次感，运用到书法创作上，书写者如果能够很好地驾驭水墨的湿染性，可以利用水墨落在纸上产生的四下流溢的特性将水墨同时转为向内渗透，使书写的字体饱满而刚柔并济。当作品装裱后，水墨线条会透露出圆润立体的视觉冲击力。

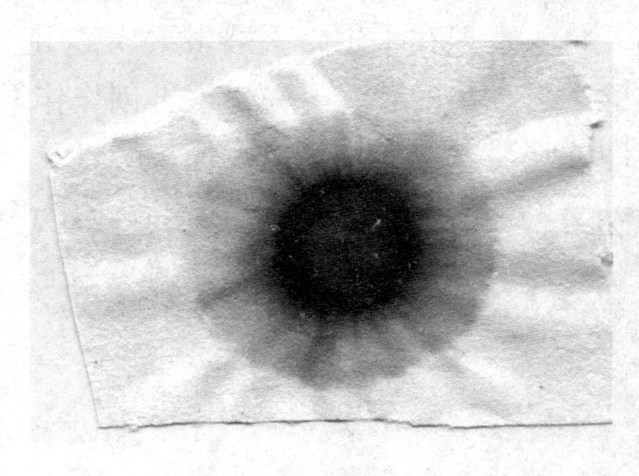

生宣的湿染性

生宣具有的独特的湿染性，也使得书写变得更有难度，因此，书法实践作为一种提高人生修养的实践行为，需要漫长的练习才能达到期待的目标。对于湿染性现象，可以锻炼书写者内在的涵养和自我内聚力，同时也是检验书写者耐心和品格的途径。

3. 吸墨性

生宣除具备湿染性特性之外，还具备较强的吸墨性能。正是因为具备了这种水墨吸附性能，使用生宣创作出来的书画作品才具有较强的视觉效果和独领风骚的魅力。

吸墨性的另外一面就是吸水性问题。正是这种吸水性能使得书写有了淋漓尽致的味道，书画的质感才体现丰富的韵味和墨色滋润的效果。

4. 艰涩性

在书画创作领域，生宣的使用正因为其所具有的书写难度才使得书画艺术的魅力大放异彩。因为生宣书写具有的艰涩性特性，很多人为此望而却步。笔墨在生宣纸面上的表现之所以很难酣畅淋漓地流动，就是因为生宣这种较强的涩性。

生宣纸面的艰涩性使书画家在纸面上书写线条时会感觉到摩擦力加大，不能尽兴地进行书画创作，而这种笔与纸之间产生的摩擦一旦被克服，书画水平就能突破进退维谷的境遇。

5. 持久性

宣纸与其他纸张比较，其质量的优良性十分突出，优质的宣纸可以几十年不变色、不脆化，放久的宣纸如同陈年老酒，具有更好的书写效果。宣纸的这一长期保质特点，使得用宣纸创作的书画作品宜于保存和收藏。

6. 胶着性

将写画后的生宣作品的墨迹晾干后，泡在清水里，即使泡上半天，着墨的生宣纸也不会发生跑墨现象，即墨汁不会因为水的浸泡而发生墨汁化开的问题，这就是宣纸具有胶着性的表现。生宣纸正是具备了这种胶着性，才使得书画装裱后更具艺术美感。

第二节　生宣对中国书画的特殊价值

人们平常说起宣纸，往往指的是生宣，如果指熟宣的话，一般会确切地点明是熟宣。生宣是在完成了捞纸、晒纸等成纸的工序后直接

裁出来而没有经过再加工的宣纸，具有饱和性强、易产生丰富的墨韵变化的特点。生宣作画虽多墨趣，但由于水墨渗透迅速，要求画家落笔即定，多用它画写意山水、花鸟。生宣经过“上胶矾”后就成了熟宣，它不洇水，故只用于画工笔画，且耐久性差，不能久藏。

古人说：“落笔宣纸，墨分五色。”这里说的“墨分五色”是指墨色在纸上的丰富变化。《历代名画记》解释是“浓、淡、干、湿、焦(墨)”。现在的书画家则要求水墨在宣纸上的变化要能适应书画家的创作意图，即浓墨处新鲜发亮，淡墨处层次分明，湿墨处淋漓尽致，干墨处刚柔相济，焦墨处挺拔传神。

以科学的手法加以研究则会发现，宣纸的饱和性之所以好，首先在于其主要原料中的青檀树皮纤维。这种纤维细胞壁的结构，与木材、稻麦草纤维的细胞壁结构不大一样，除纤维的规整度好、柔软适度之外，尤其是经自然干燥以后，青檀树皮纤维细胞壁会发生收缩，出现许多与纤维平行排列的“皱纹”。另外，“皱纹”中还积留着不少自然形成的碳酸钙微粒。深藏在青檀树皮纤维内的碱性的碳酸钙微粒，既能提高吸附墨、水的能力，又能起到中和作用，防止纤维素发生酸性降解。宣纸的饱和性还与纸本身含有的青檀树皮纤维量以及它的变形状况有关。当纸面吸附墨、水以后，扩散的纵横向之比、吸墨的深浅和浓

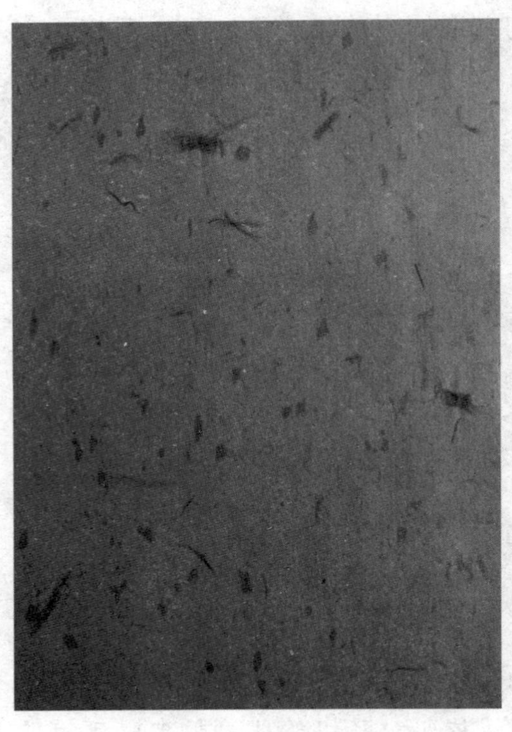

檀树皮纤维

淡分明的层次感，主要依宣纸的品种和纸的“陈化”时间（又叫“风矾”）来决定。有一些书画家常用的是特净皮或净皮宣，并且不用当年买来的新宣纸而用陈年宣纸，以利作画时发挥饱和性的功效。

对中国书画家来说，宣纸等于提供了一个可以尽情施展书画技艺的上佳舞台。与此同时，宣纸的超长寿命也对书画艺术具有超乎寻常的作用，历代的许多书画珍品都借助于宣纸才能保存和流传下来，所以有着宣纸“纸寿千年”的说法。曾有研究小组花了 4 年时间，对宣纸等 7 种不同的纸张进行了老化对比实验。结果测出：新闻纸的寿命是 150 年左右，书写纸的寿命是 400—500 年，铜版纸的寿命约 700 年，宣纸的寿命高达 1050 年，而且这还是下限。

为什么宣纸按刀论

宣纸裁剪的时候，是用一把很大的剪刀（称为“梭子”），开口夹着一叠宣纸，沿着桌边推过去，将纸多余的部分“梭”掉。梭下来的部分就是纸边了，可以用来做书画练习，一般情况下，工厂作为纸浆回收利用。

在梭的时候，每 100 张大致理齐（整理的过程实际也是检验纸张质量的过程），之后先将一叠纸的上半部分（50 张左右）翻过去，先梭掉下面 50 张的纸边，然后再梭上面 50 张。因工作台上都标记好了尺寸，所以梭出来的纸尺寸是符合要求的。又因这些全是手工整理的，导致大家到手的宣纸叠放一般没有工业纸那样整齐。按照宣纸工人的习惯性称呼，50 张为一梭，100 张为一刀。

附录一　中国著名纸品简介

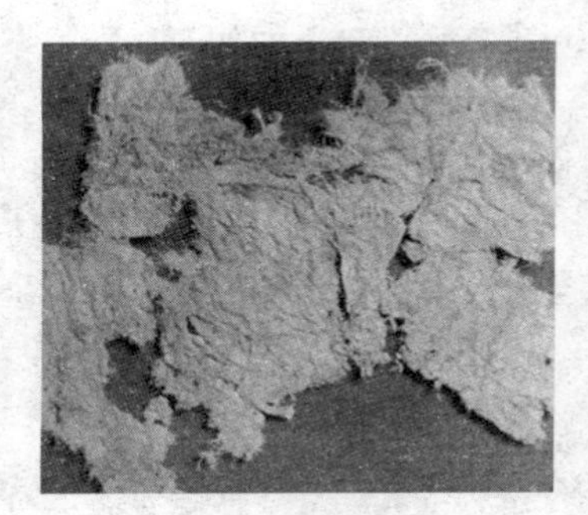
居延纸

中国的纸文化源远流长，历代名纸很多，早期的纸如絮纸、灞桥纸、居延纸、罗布淖尔纸、旱滩坡纸、蔡侯纸等，有的见于著录，有的是现代考古的实物发现。由于历史久远和当时生产的数量有限，这些纸已均无传世。当代对中国纸特别是宣纸感兴趣的朋友有可能见到的，只有唐宋以后的一些名纸了。

1. 薛涛笺

薛涛笺为唐末五代名纸，是一种加工染色纸，因由薛涛创制而得名。薛涛，唐长安人，幼年随父亲宦居四川，后父亲逝世，沦落风尘成为乐妓。她善作诗填词，有感于当时纸幅太大，亲自指导工匠改制为小幅纸，因用所居宅旁浣花溪水制成，所以又称“浣花笺”。相传薛涛还曾把植物花瓣撒在纸面上加工制成彩笺，这种纸色彩斑斓，精致玲珑，又称“松花笺”。此后历代皆有仿制。

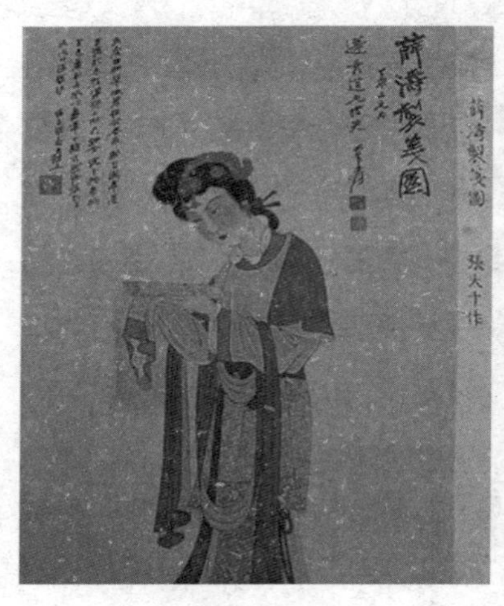
薛涛制纸图

清仿“薛涛笺”，是一种长方形粉红小笺，印有长方形小印，印文“薛涛笺”，多用于信纸。

2. 水纹纸

为唐代名纸，又名“花帘纸”。这种纸迎光看时能显示除帘纹外的透亮的线纹或图案，目的在于增添纸的潜在美。其制法有二：一为在纸帘上用线编纹理或图案，凸出于帘面，抄纸时此处浆薄，故纹理透亮而呈现于纸上；二为将雕有纹理或图案的木制或其他材料制的模子，用强力压在纸面上，犹如当代通用的证券纸、货币纸的水印纹。明杨慎《丹铅总录》云：“唐世有鱁纸，一名‘衍波笺’，盖纸纹如水纹也。”

3. 谢公笺

这是一种经过加工的染色纸，为宋初谢景初（1020—1084 年）创制，并因而得名。谢氏受薛涛造纸笺的启发，在益州设计制造出“十样蛮笺”，即十种色彩的书信专用纸。这种纸色彩艳丽新颖，雅致有趣，有深红、粉红、杏红、明黄、深青、浅青、深绿、浅绿、铜绿、浅云十种花色，与薛涛笺齐名。

4. 金粟笺纸

宋太祖赵匡胤时期，全国印经之风盛行，为适应这种需要，当时歙州专门生产一种具有浓淡斑纹的抄经纸——硬黄纸，又称蜡黄经纸。在浙江海盐金粟山下有一座金粟寺，因寺内抄经用纸特别多，所以这种纸又被称作金粟笺。这种纸质地硬密，光亮呈半透明，防蛀抗水，纸色美丽，寿命很长，虽历千年，犹如新制。

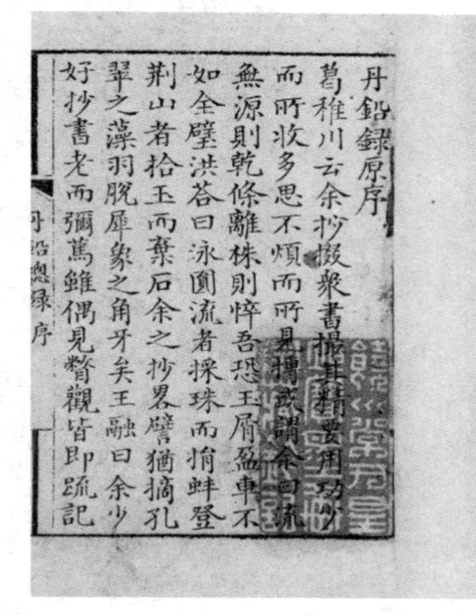
丹鉛錄原序
葛稚川云余抄撮衆書擿其精要用功少
而所收多思不煩而所見博或謂余曰流
無源則乾條離株則悴吾恐玉屑盈車不
如全璧洪荅曰泳圓流者採珠而揃蚌登
荆山者拾玉而棄石余之抄畧譬猶摘孔
翠之藻羽脫犀象之角牙矣王融曰余少
好抄書老而彌篤雖偶見瞥觀皆即疏記
丹鉛總錄序

丹铅总录

乾隆年间曾仿制“金粟笺纸”，乾隆帝喜用此纸写字，又用此纸印《波罗蜜多心经》。有些内府的名画也用此纸作“引首”，故宫博物院尚有保存。

乾隆时期还曾仿制元代名纸“明仁殿

纸”，如“清仿明仁殿画如意纹粉蜡笺”，纸上用泥金绘如意云纹，纸厚，表面平滑，纸质匀细，纤维束甚少，属桑皮纸。这种纸两面均有精细的加工，背面有黄粉加蜡，且以金片洒之，纸的正面右下角钤阳文“乾隆年仿明仁殿纸”隶书朱印。

5. 白鹿纸

白鹿纸为古纸名。虽然与其他宣纸的制纸方法、工艺流程是相同的，但白鹿纸在制造过程中，不仅每道工序十分讲究，而且有许多细节的不同，其中一个要点是纸帘的不同。

虽然白鹿宣纸早在 17 世纪就已产生，但能制作白鹿宣纸的作坊或厂家并不多。当时只有制纸世家曹恒源等几家制作，而且能编制白鹿帘的工匠极少。泾县小岭宣纸厂在不断地挖掘传统工艺的基础上，使这一传统绝技获得了新生。曹氏宣纸的传人、曹大三第 27 世孙曹建勤研制的白鹿纸，制作极其考究，选料严格、工艺精巧，纸的暗纹内隐有 4 大 4 小 8 只奔腾的鹿，犹如一幅动感的草原逐鹿图。

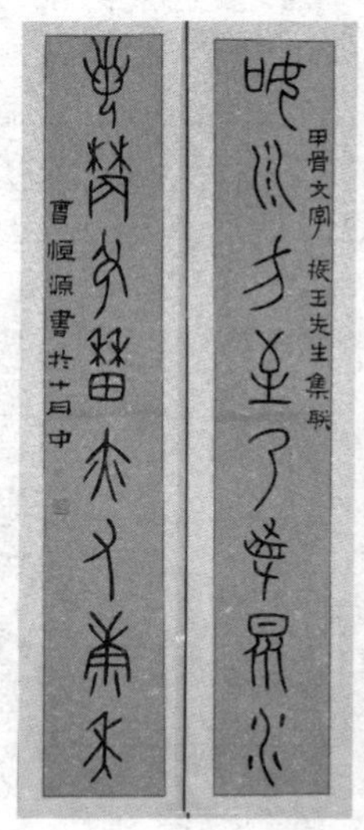

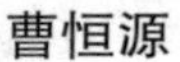

曹恒源

曹氏宣纸

6. 五色蜡笺

五色蜡笺

这种蜡笺始于唐代，是以魏晋南北朝时的填粉和唐代的加蜡纸合二成一的加工纸，成为多层黏合的一种宣纸，具备粉纸及蜡纸的优点。底料的皮纸，施以粉加染蓝、白、粉红、淡绿、黄等五色。加蜡以手工捶轧研光，称为“五色蜡笺”。有的在纸面上用胶粉施以细金银粉或金银箔，使之在彩色粉蜡笺上呈金银粉或金银箔的光彩，称“洒金银五色蜡笺”；有的用泥金描绘山水、云龙、花鸟、折枝花等图案，称“描金五色蜡笺”。此纸防水性强，表面光滑，透明度好，具有防虫蛀的功能，可以长久张挂。书写绘画后，墨色易凝聚在纸的表面，使书法黑亮如漆。由于制作精细而价高，故多用于宫廷殿堂书写宜春帖子诗词，或作书画手卷引首、室内屏风，民间很少流传。乾隆内府曾进行仿制，质量精良，也称“库蜡笺”。

7. 玉版纸

玉版纸是古代一种洁白坚致的精良笺纸。黄庭坚《次韵王炳之惠玉版纸》诗中写道：“古田小纸惠我百，信知溪翁能解玉。”元费著《蜀笺谱》中说：“今天皆以木肤为纸，而蜀中乃尽用蔡伦法。笺有玉版，有贡余，有经屑，有表光。”《绍兴府志》中说：“玉版纸莹润如玉。”

8. 罗纹纸

印书用纸之一。此纸颜色洁白，质地细薄柔实，有显著的横纹，看上去与丝质的罗相仿，故名。生产年代已久，宋、元、明、清直至民国，各代皆有制造，都用它印过书。不过，宋、元图书用罗纹纸印刷者，迄今已属罕见。明、清印本中有时还能见到。如雍正间武英殿本《唐宋诗文醇》、席启寓刻的《唐人百家诗》等，就是用罗纹纸印的。近人郑振铎印的《中国版画史图录》，其中有一部分也是用的旧罗纹纸。

9. 连史纸

又叫“连四纸”“连泗纸”，纸质较厚者又称为“海月纸”。相传是福建邵武连姓兄弟二人经过多年研制，精工抄造而成，因他们排行“老三”“老四”而得名。但据元代人费著在其所作《蜀笺谱》中说：“凡纸皆有连二、连三、连四（售者连四一名曰船），笺又有青白。笺背青面白……”这是有关连四纸的最早记载。连四纸从明代开始又称连史纸，此名一直沿用至今。连二、连三、连四是造纸时所用抄纸帘的使用方法的名称。这种纸原产于福建省邵武，以及闽北地区和江西省铅山县一带，采用嫩竹作原料，碱法蒸煮，漂白制浆，手工竹帘抄造。这种纸白如玉，厚薄均匀，永不变色，防虫耐热，着墨鲜明，吸水易干。所印刷的书，清晰明目，久看眼不易倦。用于书写作画，着墨即晕，入纸三分，可与宣纸相提并论，历来为国内外书画家所钟

王传贺绘画

爱。《辞源》说：“（连史纸）原料用竹。白，质细，经久色质不变。旧时，凡贵重书籍、碑帖、契文、书画、扇面等多用之。产江西、福建，尤以江西铅山县所产为佳。”元代以后，我国许多鸿篇巨制、名贵典籍多采用连史纸印制，如明代的《十七史》、商务印书馆出版的《四库全书珍本初集》等即用此纸印制的。

10. 白绵纸

以白绵纸印书籍是明刻本的一大特色，尤其在正德至万历年间大为使用。“明白绵纸本”近乎明版好书的代称，受藏家珍视。人们开始认为白绵纸就是由绵茧所造的纸，但经过现代科学方法的检测，得知白绵纸实际是楮皮纸的一种。

11. 开化纸

开化纸产生于明中晚期，到清代大为盛行，殿版书几乎均用此纸来印刷，到嘉庆之后逐渐失传了。由于开化纸洁白细腻，薄而有韧性，再加上雕版精良，所以印出的书真正称得上纸白墨黑。到民国初年，陶湘的其中一项专藏就是开化纸本，因此赢得了“陶开化”的雅称。因开化纸产量不大，除殿版书使用外，民间使用极少，故用开化纸所印的书，按今天的藏书标准均为较好的版本。

12. 毛边纸

毛边纸是一种竹纸，色呈米黄，故亦称黄纸，为明末江西出产。正面光，背面稍涩，质地略脆，韧性稍差，牢固度次于太史连纸。适宜于写字，又可用于印刷古籍。因明代大书法家毛晋嗜书如命，好用竹纸印刷书籍，曾到江西大量订购较厚实的竹纸，并在纸边上盖一篆书“毛”字印章，所以人们习惯称这种纸为“毛边纸”，并沿用至今。《常昭合志稿》云：“隐湖毛氏所用纸，岁从江西特造之，厚者曰毛边，薄者曰毛太，至今犹存其名不绝。”但据《中国雕版源流考》称，明司礼监造纸名色中，已有“毛边”名称，并非始于明末毛晋。清乾隆以后印书用纸，除太史连纸、绵纸外，有一大部分是用毛边纸印的。

毛边纸在我国南方产竹的地方均有生产，以嫩竹作原料，用石灰沤烂发酵，捣碎成浆，再添加适当的黄色染料，不施胶，手工竹帘抄造而成。毛边纸质地细嫩、柔软、韧性好，略带蛋黄色，吸水性强，用于书写、印刷，容易吸干墨水，字迹经久不变。较重的毛边纸又称为“玉扣纸”，江西横江出产的仿毛边纸又称为“重纸”。现在有些地方如浙江一带用碱法制浆，在竹帘丝网的圆网造纸机上造出，称“机制毛边纸”，这种纸的质地，外观与手工造的毛边纸均有较大差别。

13. 元书纸

竹纸的一种，古又称赤亭纸。采用当年生的嫩毛竹作原料，靠手工抄造而成的毛笔书写用纸。主要产于富阳市，生产历史悠久。北宋真宗时期已被选作“御用文书纸”。因皇帝元祭（元日庙祭）时用以书写祭文，故改称元书纸；又因当时的大臣谢富春支持此纸生产，故尚有“谢公纸”“谢公笺”之称。其特点是洁白柔韧，微含竹子清香，落水易溶，着墨不渗，久藏不蛀、不变色。在古代用于书画、写公文、制簿册等。

附录二 常用的宣纸尺寸

宣纸的尺寸比较常见的是三尺、四尺、六尺和八尺宣纸。下面列出的是书画活动中宣纸常用的尺寸：

三尺宣纸尺寸规格为100×55（长 × 宽）（单位：厘米）。

1. 三尺全开：100×55（标准三尺）

2. 大三尺：100×70（标准三尺宣纸长度不变，宽度为二尺）

3. 三尺加长：136×50

4. 三尺横批：100×55（标准三尺）

5. 三尺单条（立轴）：100×27（标准三尺宣纸长度不变，宽度1/2）

6. 三尺对联：100×27（标准三尺宣纸长度不变，宽度1/2）

7. 三尺斗方：50×55（标准三尺宣纸长度1/2，宽度不变）

四尺宣纸尺寸规格为138×69（长 × 宽）（单位：厘米）。

1. 四尺全开：138×69（标准四尺）

2. 四尺横批：138×69（标准四尺）

3. 四尺单条（立轴）：138×34（标准四尺宣纸长度不变，宽度1/2）

4. 四尺对联：138×34（标准四尺宣纸长度不变，宽度1/2）

5. 四尺斗方：69 × 68（标准四尺宣纸长度 1/2，宽度不变）

6. 四尺三开：69 × 46（标准四尺宣纸长度 1/3，宽度不变）

7. 四尺六开：46 × 34（标准四尺宣纸长度 1/3，宽度 1/2）

8. 四尺四开：69 × 34（标准四尺宣纸长度 1/2，宽度 1/2）

9. 四尺八开：35 × 34（标准四尺宣纸长度 1/4，宽度 1/2）

五尺宣纸尺寸规格为 153 × 84（长 × 宽）（单位：厘米）。

1. 五尺全开：153 × 84（标准五尺）

2. 五尺横批：153 × 84（标准五尺）

3. 五尺单条：153 × 42（标准五尺宣纸长度不变，宽度 1/2）

4. 五尺对联：153 × 42（标准五尺宣纸长度不变，宽度 1/2）

5. 五尺斗方：77 × 84（标准五尺宣纸长度 1/2，宽度不变）

六尺宣纸尺寸规格为 180 × 97（长 × 宽）（单位：厘米）。

1. 六尺全开：180 × 97（标准六尺）

2. 六尺三开：60 × 97（标准六尺宣纸长度 1/3，宽度不变）

3. 六尺对联：180 × 49（标准六尺宣纸长度不变，宽度 1/2）

4. 六尺斗方：90 × 97（标准六尺宣纸长度 1/2，宽度不变）

七尺宣纸尺寸规格为 238 × 129（长 × 宽）（单位：厘米）。

七尺全开：238 × 129（标准七尺）

八尺宣纸尺寸规格为 248 × 129（长 × 宽）（单位：厘米）。

1. 八尺全开：248 × 129（标准八尺）

2. 八尺屏：234 × 53

3. 八尺斗方：124 × 124

一丈二尺宣纸尺寸规格为 367 × 144（长 × 宽）（单位：厘米）。

1. 一丈二尺：367 × 144

2. 大一丈二斗方：180 × 142

3. 小一丈二：360 × 96

一丈六尺宣纸尺寸规格为 503 × 193（长 × 宽）（单位：厘米）。

一丈六尺：503 × 193

一丈八尺宣纸尺寸规格为 600 × 248（长 × 宽）（单位：厘米）。

一丈八尺：600 × 248